儿童心理学

你其实不懂孩子

（全彩手绘图解版）

速溶综合研究所　施臻彦◎著

人民邮电出版社

北京

图书在版编目（CIP）数据

儿童心理学：你其实不懂孩子：全彩手绘图解版 / 速溶综合研究所，施臻彦著. -- 北京：人民邮电出版社，2018.1（2023.11重印）
ISBN 978-7-115-47074-4

Ⅰ. ①儿… Ⅱ. ①速… ②施… Ⅲ. ①儿童心理学—通俗读物 Ⅳ. ①B844.1-49

中国版本图书馆CIP数据核字（2017）第260408号

内 容 提 要

父母对孩子的爱是天底下最伟大、最无私的。父母虽然不求回报，但还是有必要了解什么样的爱才是孩子真正需要的。孩子从出生到长大，心理需求会不断变化，会表现出各种各样迥异的行为。本书用7章的内容对婴幼儿到小学低年级儿童的心理发展规律、心理需求和父母带娃的心理做了探讨，以帮助父母了解孩子的性格、行为特点，更好地走进孩子的内心世界，为父母在孩子的饮食、出行、性格培养、行为举止、学习和"二孩"等几个方面遇到的问题提供具体解决方案。

本书采用手绘图解的形式，以通俗的语言为育儿道路上的父母提供有效的指导，让父母和孩子一起健康成长。

本书不但适合父母、准父母阅读，还适合希望了解儿童心理学知识的普通读者阅读，也可供幼儿教育工作者参考。

◆ 著　　　　速溶综合研究所　　施臻彦
　　责任编辑　李士振
　　责任印制　周昇亮

◆ 人民邮电出版社出版发行　　北京市丰台区成寿寺路 11 号
　　邮编　100164　　电子邮件　315@ptpress.com.cn
　　网址　http://www.ptpress.com.cn
　　临西县阅读时光印刷有限公司印刷

◆ 开本：690×970　1/16
　　印张：14　　　　　　　　　　　　2018 年 1 月第 1 版
　　字数：328 千字　　　　　　　　　2023 年 11 月河北第 23 次印刷

定价：49.80 元

读者服务热线：（010）81055296　　印装质量热线：（010）81055316
反盗版热线：（010）81055315
广告经营许可证：京东市监广登字 20170147 号

人物介绍
速溶综合研究所
心理研究室

　　隶属于速溶综合研究所，研究室致力于研究职场、家庭与社会等方面的各种问题，是提出有效解决方案的研究机构。在梅第奇博士的带领下，研究员们已经找到了多项问题的解决方法，并有效地帮助了许多前来进行心理咨询的病人。

梅第奇博士
速溶综合研究所心理研究室专家

　　毕业于意大利都灵大学心理学院，心理学博士，专攻社会心理学和临床心理学，具有国家二级心理咨询师资格。喜欢做实验，习惯带着宠物猫凯撒一起去研究所上班。虽然他看起来严肃，但脾气温和谦逊。

科西莫（博士的得力助手）
速溶综合研究所心理研究室护士

　　性格活泼又有头脑，个子小，却很爱关心身边的人，能带给别人如沐春风的亲切感。
　　曾经在大型医院当护士，现在研究室任职。

凯撒猫（博士的得力助手）
博士在研究室养的宠物

　　喜欢吃鱼，偶尔卖萌，看起来是一只普通中华田园猫，其实是一个有智慧的未来生物。
　　一直想有个"女朋友"，可是博士好像并不知道。

小希
专业心理学本科毕业生
性格爽朗，做事雷厉风行，给人女强人的即视感，但是内心火热，富有正义感，说一不二。

妮妮
小希的好闺密
目前就职于某国际外贸公司，担任主管，性格要强，对工作极其认真负责。

小卷
专业心理学本科毕业生
性格沉稳，乐于助人。平时喜欢泡在图书馆看研究专著，实习时喜欢与博士讨论，并能碰撞出灵感的火花。

小德
小卷从小到大的好哥们儿
阳光帅气有活力，喜欢游泳、健身，拥有吃不胖的体质。

小曾
妮妮的业务伙伴
是个大老板。虽然看起来很平凡，实际上做生意很有头脑。

思思
小希的学妹
萌妹子一枚。开朗活泼，喜欢一切看起来萌萌的事物。

目 录 CONTENTS

第1章 带娃父母的心理

第2章 帮妈妈解决孩子的饮食烦恼

第3章 帮妈妈解决带孩子出行的不安

第4章 帮妈妈解决对孩子性格培养的担忧

第5章 帮妈妈解决对 孩子行为举止的担心

第6章 帮妈妈解决对 孩子学习问题的担忧

第7章 **帮妈妈解决**
关于"二孩"的顾虑

第 1 章

带娃父母的心理

历经了9个多月的等待，终于迎来了小宝宝的诞生。
在想着接下来如何养育这个小家伙之前，
我们首先要做的就是调整好自己的心态，
进入爸爸妈妈的角色中。

孕期妈妈的情绪会 "遗传" 给孩子吗?

老人家总说,多看漂亮娃娃的照片,以后就能生一个高颜值宝宝,虽然这只是老一辈人的一种说法。但是,孕期妈妈欣赏漂亮娃娃的图片,让心情愉悦,能生出一个更健康的孩子,是被科学证实的。

 什么是孕期情绪

心理学认为情绪没有好坏,只有正性情绪(比如高兴、喜欢等)和负性情绪(比如害怕、生气等)。情绪是人类的心理活动之一。各种情绪的出现都有依有据,一个普通的人尚且有各种各样的情绪,更何况是正在孕育新生命的孕妈妈。而孕期妈妈的情绪给腹中胎儿带来的影响也是有好有坏的。

孕妈妈和腹中胎儿紧紧相连,孩子不但从妈妈那里获取营养和氧气,对妈妈的情绪和思绪也一样感同身受。 当妈妈感到开心和轻松时,体内分泌的开心成分如内啡肽(Endorphin),会让腹中宝宝的神经系统更愉快地发展。相反,当妈妈在焦虑伤心时,该种情绪也会分泌压力成分,如肾上腺素(Adrenaline),并通过血流经过胎盘带给子宫内的宝宝。

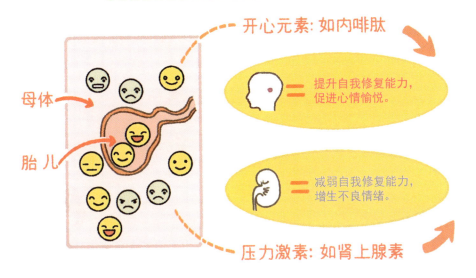

不同孕期情绪对母体和胎儿的影响

开心元素: 如内啡肽

母体

胎儿

提升自我修复能力，促进心情愉悦。

减弱自我修复能力，增生不良情绪。

压力激素: 如肾上腺素

❗ 坏情绪对
胎儿的影响

怀孕期间孕妈妈们受到的压力会对后代的脑神经系统发展有长远的影响。如果妈妈在怀孕期间出现焦虑、抑郁等负面情绪，那么孩子出生后会更有可能出现情绪问题。并且，妈妈的极端负面情绪甚至会造成婴儿大脑结构和大脑功能的改变。孕妈妈的不良情绪和情绪失常会改变孩子大脑中的杏仁核(Amygdala)结构（主要负责控制情绪和压力），造成杏仁核结构链接上出现问题，那么孩子将来在处理压力和情绪时也会遇到障碍。不仅如此，怀孕期间的负性情绪还会造成孕激素水平降低，增加胎儿发育不良和早产的风险。

心理学家们甚至发现孕妈妈的焦虑情绪会改变孩子的糖皮质激素受体（Glucocorticoid receptor，帮助我们在面对压力时调节体内的荷尔蒙）的结构。糖皮质激素受体的改变，会让孩子在成长过程中对压力更敏感，也就是说不管从神经上还是从基因上，孩子都会更容易感受到外界压力，出现情绪问题。

坏情绪对胎儿的影响

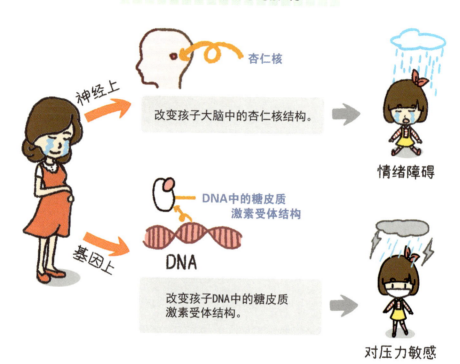

神经上

杏仁核

改变孩子大脑中的杏仁核结构。

情绪障碍

DNA中的糖皮质
激素受体结构

基因上

DNA

改变孩子DNA中的糖皮质
激素受体结构。

对压力敏感

！ 坏情绪对妈妈
！ 的影响

怀孕期间的焦虑情绪不但会对孩子造成直接伤害，还容易使新妈妈成为产后抑郁症的受害者。大部分的产后抑郁会在短期内自愈，但是产后抑郁的危害却不会轻易消散。

有抑郁症的妈妈不爱和孩子面对面的交流，也不热衷于与宝宝对话、微笑、玩游戏等，而这些行为恰恰是婴儿学会交流技能的关键。

研究还发现，心理治疗并不能改善这种现象。经过治疗后的抑郁症妈妈，依然会在日后抚养孩子的过程中产生抵触情绪，在教养孩子过程中压力更大。甚至，她们对自己孩子的评价会更加负面，对孩子的依恋安全感更低，还更容易对孩子发脾气。而这些行为都会让孩子向不健康的方向越走越远。

妈妈在怀孕期间感受到的压力和产后的抑郁情绪都会对宝宝造成各方面的影响。如果孩子在子宫内和在出生后都受到妈妈负面情绪的双重伤害，那么宝宝要想成长为心理健康、乐观开朗的孩子就较为困难。那么，是什么影响了孕妈妈在怀孕期间的情绪呢？

依恋安全感

依恋安全感值

多与宝宝对话、微笑、玩游戏等。

依恋安全感值

对抚养孩子产生抵触，甚至对孩子的评价负面。

！影响孕期
情绪的因素

众所周知，孕妈妈体内的荷尔蒙在受孕的那一刻就开始了质的变化。它们影响了孕妈妈们的体型、皮肤、骨骼，还在很大程度上左右着孕妈妈们的心理。每个妈妈在怀孕期间的情绪变化不尽相同，有的变得更易怒，有的变得更容易伤感，有的则变得更敏感，总之各种玻璃心。

情绪作为一种社会表达，不单是生理反应，也是个人对外界事物的主观感受。因此，**不仅仅孕妈妈们体内的激素水平操控着她们的心理，周遭的环境也是促使孕妈妈们变得情绪化的导火线。**

十月怀胎，孕妈妈们的生活和工作免不了会发生一些"变故"，例如工作上的大变动、婚姻问题、家庭纠纷或者搬家等较大的变动都能直接导致孕妈妈的情绪出现问题。如果孕妈妈的情绪在孕期十分容易受到影响的话，又如何去改善这种情况呢？

！如何帮助孕妈妈
改善孕中情绪

正因为孕妈妈在怀孕期间受到生理及环境等因素对情绪的多重影响，所以当生活或工作发生变化时，家人和朋友对孕妈妈们提供的支持是至关重要的。在心理学中这类支持叫作社会支持（Social Support），足够的社会支持可以帮助孕妈妈们缓解情绪，相反，没有足够的社会支持，就会把孕妈妈们推下情绪深渊。

这里的社会支持包括：

三个社会支持

1 信息支持

当孕妈妈不知道怎么购置婴幼儿产品的时候，向她们提供建议和指导。

2 工具支持

当孕妈妈在经济上遇到困难时，给她们提供实际的帮助。如：物质支援。

3 感情支持

当孕妈妈伤心时，亲戚朋友及时表达关心和尊重，安抚孕妈妈的情绪。

作为孕妈妈们的家人和朋友，除了对孕妈妈生活起居上的照顾外，还要密切关注孕妈妈们不良情绪的出现，及时帮忙疏导，让孕妈妈们有一个快乐开心的孕期，和家人一起期待新生命的到来。

结语

● 虽说情绪是一种突发反应，持续时间很短。但是由于孕期的特殊性，孕妈妈们的负面情绪往往像涟漪一般带来一系列后续问题。而孕妈妈也要多与家人朋友沟通，及时发泄心中的不良情绪，就能很好地抵抗不良情绪对自身和胎儿的影响。

02 为什么说孩子的正能量父母造？

同是半杯水，悲观者说："怎么只有半杯了？"
而乐观者说："还有半杯呢！"

这种对比鲜明的看法，想必大家一定都不会陌生。
而现在网络上的流行用语"正能量"其实就是我们通常说的乐观性格。乐观性格的人总是能看到事情明亮的一面，他们不但能更积极地处理身边的各种情况，同时也能感染周围的朋友。在这个快节奏、高压力的社会，哪个父母不想自己的孩子在取得成就的同时，还能拥有快乐生活的正能量心境呢？

！正能量 来自哪里？

积极乐观的态度是性格使然。那么性格又是什么？心理学认为：性格是我们思考、感受、行为的一种模式，也是我们面对人、问题或者压力的一种反应。所以，每个人的性格都是动态发展的，也是独特展现的。关于性格的形成，在心理学中有不同的理论，每种理论有着自己的侧重点，但是，现在能够达成一致的是，性格的形成主要来源于先天（遗传）和后天（环境）。一个正能量满满的孩子是父母在生育时给予的，更是父母在教养中形成的。

第一因素：
父母的遗传

进化心理学认为在人类进化的过程中，会在基因中保留下对我们生存和繁殖有助益的信息。和性别、血型一样，性格也是我们赖以生存的一项重要的信息，需要通过遗传留给后代。

拥有乐观性格的人更加能够在恶劣的环境中生存下来。比如，乐观的人们会在饥荒中看到食物的希望，最后坚持到找到食物生存下来。而悲观的人们可能早早地丧生在自己的绝望里。这种有助于我们生存的基因通过父母传给孩子，一代又一代。

性格的遗传

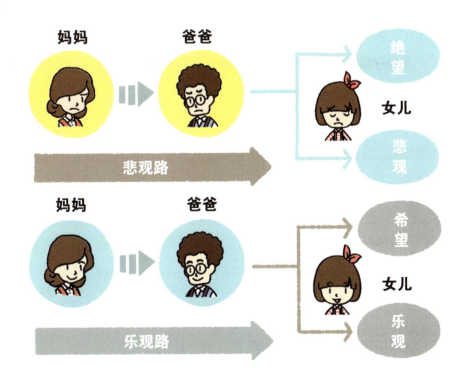

另外，心理学著名的双胞胎实验发现，即使是分开抚养的同卵双胞胎，在人生中的经历和成就也非常的相似。心理学研究者们不但证实了人的性格可以遗传，现在更是开始研究各个基因组所对应的性格特征。因此，宝宝的性格特征基因是由父母的基因组合决定的，并且在胚胎形成的那一刻起就被决定了下来。

！第二因素：
父母的教养

著名的行为主义心理学家华生曾经说过，"给我一打健康的婴儿，我可以把他们训练成任何一种专家——医生、律师、艺术家，甚至小偷。"虽然现在普遍认为这种说法是夸大了环境的决定作用。但是，无需质疑的事实是，环境是孩子性格形成的另一大决定因素。

在孩子成长中塑造性格的关键年龄里，父母就是孩子最有影响力的环境因素。不但父母的一言一行会成为孩子的榜样，父母对待其他事物的态度也会潜移默化地影响着孩子。父母如果对孩子的言行，或者对其他事物的态度总是保持乐观，要想家里成长出一个正能量的孩子自然不是难事。

生理心理学指出：虽然我们的性格会通过基因携带遗传给我们的孩子们，但是基因中的某些性格特征可能需要在特定的环境下才会被激发出来。不同的环境刺激基因中不同的性格特征部分，也就会产生不同的结果。

比如，孩子在遇到生人的时候会感觉到不自在。如果爸爸妈妈再总是催促孩子："快叫叔叔，怎么还不叫，这孩子真是胆子小。"这样施加压力和打标签的说法会让孩子变得更害羞，可能会导致他们在长大以后无法自如地进行社交。相反，如果家长在这时不急于让孩子表现，不给过多的压力，让孩子循序渐进地接受新的事物，那么孩子的害羞特质也会逐渐消失。

由此可见，环境和遗传的互动，才最终决定了孩子成长中所形成的性格。

父母环境因素对孩子的影响

没有良好习惯的父母

带她去运动多累呀！不如让她在家看电视，没有那么辛苦。

具有良好习惯的父母

每天带她一起去锻炼吧！这样她在家里就可以少看电视了。

结语

结语

● 在孩子眼中，父母是第一个朋友。父母的一切很容易影响到孩子，无论孩子的正能量培养是得自先天，还是得益于后天，都和父母有很重要的关系。给孩子传递正能量，让孩子健康成长，是每一位父母无可推卸的职责。

03 为什么要遵守和孩子的约定？

"你这些天乖乖的，表现好一点，爸爸妈妈周末带你去动物园哦。"到了周末，"爸爸这周末要加班，下周再带你去吧。"这样的对话是不是常常出现在你的生活中呢？或者家中还有更小一些的孩子，在被爽约时甚至连解释也得不到，因为你觉得他根本就不会记得。然而，不遵守和孩子之前的约定看起来是一个无关痛痒的小问题，在成长中给孩子带去的伤害却远比你想象得要多。

！认知上：
让孩子质疑世界的真实性

小宝宝每天就是吃吃，喝喝，玩玩。看起来是轻松和让人羡慕的，但其实，他们的生活并没有我们想象得那么轻松。每个孩子都在成长的每一分每一秒中学习周遭发生的一切。对于他们来说：一个物体的移动、一个勺子的落地、一个声音的传来都是他们学习这个世界规律的课程。父母更是孩子重要的老师，孩子对社会的很多认知，对社交的感受和对这个世界的价值观等大都来自他们的父母。

刚出生的小宝宝如同一张白纸，父母怎样勾画至关重要。某天出

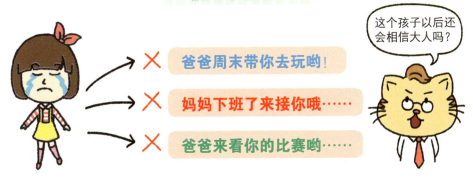

被爽约的孩子

门，看到郁郁葱葱的树木，如果我们和孩子说，"这是树，绿色的，是一种植物。"孩子便会原原本本地记在脑里。但是，我们如果跟孩子说，"这是树，红色的，是一种动物。"孩子便也会毫不质疑地记住。心理学家们对3岁孩子进行的研究发现，这个年龄的孩子对大人说的话坚信不疑，即使大人说的话并不真实。就好像孩子对圣诞老人真切的期盼一样，他们相信圣诞老人是那个每年送礼物到家里的白胡子爷爷，还是骑着驯鹿拉着雪橇从天空飞来的。因此，孩子对世界真实性的认识最初是来源于父母的。==当我们对孩子做了保证，又爽约的时候，就会让孩子感到迷惑，不知道怎样面对这个世界。==

！情绪上：让孩子失望

学龄前孩子，特别是在一岁半到四岁的年龄为情绪敏感期，也就是我们通常说的"叛逆的2岁"（Terrible Two）。这个年纪的孩子开始出现各种情绪，但是，他们尚没有足够的能力去控制和管理自己出现的那些情绪。因此，常常会出现情绪失控的情况。例如，躺在地上嚎啕大哭，怎么劝都无法停止。因为孩子对各种事件的接受能力有限，所以有的时候一件小事就可能导致孩子的情绪大崩溃。那么如果是被孩子视为最重要最依赖的父母爽约的话，孩子那种失望和无助的情绪是可想而知的。

虽然说，孩子的世界不可能会是一帆风顺的，总会遇到让他们失望和伤心的事情，可这并不是我们可以让孩子失望的借口。**作为父母，应该教育帮助孩子如何管理自己的情绪，而不是把孩子一开始就推往情绪崩溃的边缘。**所以，在批评自己孩子是熊孩子不受管教的同时，我们也应该想一下孩子为什么会乱发脾气。

！教养上：
让孩子学习到不守约的行为

人类的大脑结构非常的复杂和神秘，但我们的学习过程有时候又表现得非常简单。一个行为对应一个反馈，重复多次，我们就学习了一个行为和反馈之间的联系。

父母给孩子一个约定，到了约定的时间兑现约定，这就是孩子学习什么叫作约定的过程。如果父母每次都能做到守约，那么孩子学到的"约定"的定义是一种不可打破和不可违反的承诺。相反，如果父母时不时地打破约定，随意违反约定的话，那么孩子学到的"约定"的定义是一种可以违反，并且违反以后不会带来不良后果的行为。长此以往，父母不遵守约定的行为，不仅会让孩子不再信任父母，也会让孩子成长为一个言而无信的人。

父母打破约定后的影响

认知上

让孩子质疑世界的真实性。当大人爽约的时候，会让孩子感到迷惑，不知道如何面对这个世界。

教养上

让孩子学习到不守约的行为。父母经常失约的话，孩子也有可能会成长为一个言而无信的人。

情绪上

让孩子失望。大人不守约会导致孩子情绪失望，将孩子推往崩溃的边缘。

父母对孩子许下了约定，就一定要遵守。

结语

结语

●一句简单的约定，爸爸妈妈们请三思之后再给出。是将孩子培养成一个言而有信、对社会和生活负责的人，还是将孩子培养成一个言而无信、无法信守承诺的人，最终决定权在父母的手上。

04 在孩子面前争吵孩子也会通过争斗解决问题？

争吵作为夫妻二人的日常，是不可避免的。两个来自不同家庭，不同经历的人结合在一起，免不了会在生活中出现摩擦和矛盾。虽然这种争吵并不一定都是坏事，但是，当一个天使般的小宝宝降临后，争吵也往往会随着家中成员的增加而升级。如果说夫妻争吵是小打小闹，调节情调，那么在孩子面前争吵则是完全不同的性质。为什么我们不能在孩子面前争吵呢？

！孩子能感受到父母的情绪

==成长中的孩子能够学习和感知到生活中的各种情况，父母争吵时的各种负能量（伤心难过和压力），甚至夹杂着的暴力都会被孩子感知到。== 心理学有研究显示，出生仅6个月的小婴儿都能感受到家长争吵中的压力情绪，甚至成年后的19岁青少年，依然对父母的争吵特别敏感。来自美国圣母大学的卡明斯（E. Mark Cummings）说："孩子永远都不会习惯于父母的争吵。"也就是说，父母的长期争吵不仅不会让孩子感到麻痹而被忽视掉，反而随着孩子年龄的增长，伤害会日益加深。

甚至，父母的长期争吵还会给孩子带来无法想象的后果，他们会变得越来越焦虑和无望，会出现睡眠障碍、头疼、胃疼之类的健康问题，并且他们的免疫力也会下降。父母的争吵让孩子承受了很大的压力，而长期压力会损伤我们大脑中的海马回（Hippocampus）。海马回是我们用于记忆和学习的重要区域，因此孩子的学业也会逐渐落后，并且变得不愿意和同学或家人相处。孩子的身体健康，情绪和社交都依赖于父母，他们会因为家中的争吵变得问题重重。

！孩子会学习父母的处理方式

孩子是父母行为的复读机。对于爸爸妈妈的一言一行，他们虽然不会刻意模仿，但是却了然于心。特别是当父母用暴力解决问题的时候，比如谩骂、人身伤害和使用暴力，那么孩子在将来遇到问题时会更加倾向于使用暴力的方式去解决。并且，在父母长期争吵环境中成长的孩

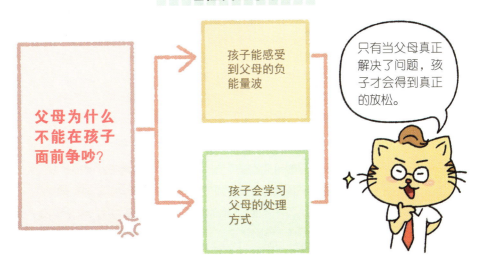

理性代替争吵

父母为什么不能在孩子面前争吵？
→ 孩子能感受到父母的负能量波
→ 孩子会学习父母的处理方式

只有当父母真正解决了问题，孩子才会得到真正的放松。

子，将来组建家庭以后，也有更大的可能过得并不幸福。

那么，父母们在遇到问题时，在孩子面前该如何解决呢？

！父母解决争端的
正确方式

我们处在充满矛盾的社会，让父母永不争吵实在很难。并且，孩子即使成长在一个父母完全友爱的环境下，当他步入社会后也可能会和其他人发生冲突。因此，**父母能做的并不是永远不在孩子面前争吵，而是使用理性、平和的方式来解决双方的争端。**如：禁止过激言语或肢体冲突。爸爸理解妈妈的情绪，让妈妈感到自己正在受到重视；妈妈重视爸爸的面子，不让爸爸感到难堪，双方都摆出想要解决问题的态度，这样才能及时解决问题，减少对孩子的伤害。

虽然，有的家长为了避免在孩子面前争吵，会关起房门来开战。在房内吵得不可开交，吵完出来假装笑脸相迎。但是孩子比我们想象的要敏感和聪明得多。当家长假装和好的时候，孩子依然能感受到那隐藏在笑脸背后的乌云。只有当父母真正解决了问题，孩子才会得到放松。

结语

结语

● 心理学研究发现，父母如果使用理性的方式解决矛盾，就算问题没有得到解决，孩子也还是会学习到父母科学解决问题的方式。在将来孩子遇到争端的时候，他们也会一样使用理性平和的方式去解决。

05 孩子的东西父母不要自作主张送给别人！

　　中国式家长和中国式教育的一大特色就是"把孩子当孩子"。这句听起来似乎有语病的话，却是我们在教养孩子时不经意都会犯的错。你一定觉得很奇怪，不把孩子当孩子，难道当成大人吗？孩子虽然年龄小，说话奶声奶气，有时候还会出现一些蠢萌的举动。但是，我们在日常生活中确实应该把他们当成一个成人、一个独立的个体来对待。我们谁也不会把一个成年人的东西随便拿来送给别人，那么也请这样对待孩子的物品。为什么我们不能对孩子的东西擅自做决定呢？

！孩子是有自我意识的小人儿

　　宝宝通常在一岁半的时候开始有自我意识（Self-awareness），也就是当宝宝照镜子的时候，知道镜子里出现的人像其实就是自己。那么在看到镜子里娃娃脸上有脏东西的时候，他们会清理自己的脸，而不是上前擦拭镜子。但是，最近的一些心理学研究也发现，宝宝甚至在更小的时候就对自己的身体有意识，这也是自我意识发展的一部分。

　　当宝宝开始有了自我意识，他们不仅知道了自己是自己，也会更加清楚地开始表达他们的喜欢与不喜欢，他们的需求和他们的所有。也就是说，18个月的孩子已经开始独立并逐渐成为一个不依赖于父母而存在的个体。也就是说，在宝宝的眼里，自己是一个独立的人，并不是父母的附属品。

父母擅自拿孩子的东西送人现象

因此，当爸爸妈妈依然把孩子当成是自己的附属品，把孩子的东西当成"我的"，不经孩子同意，把孩子心爱的玩具擅自送给别的小孩时，孩子自然会奋起反抗。保护自己的东西，就像保护他们自己的所有权，这是初有自我意识的孩子特别执着的事情。==在孩子的眼里，我们不经过他的同意而拿走其东西的做法，已经严重侵犯了孩子对自己东西的所有权。==虽然，孩子还不会据理力争，但是用哭闹来表示愤怒是免不了的。

孩子有需要被保护的自尊心

　　我们通常认为自尊心就是好面子，是一种需要被抛弃的东西。事实上，自尊心是我们在成长过程中非常重要的一环，即使当我们成人以后也是不能被忽视的。心理学认为自尊心（Self-esteem）反映了人们对自己和自己所具有的价值的主观评价，包括我们对自己的认识，也包括对自己情绪状态的了解。自尊心的建立来自于我们的生活，孩童时期受到的挫折和伤害会损害我们的自尊心，这种影响可以延续到我们成年。

孩子的自尊心高低取决于父母

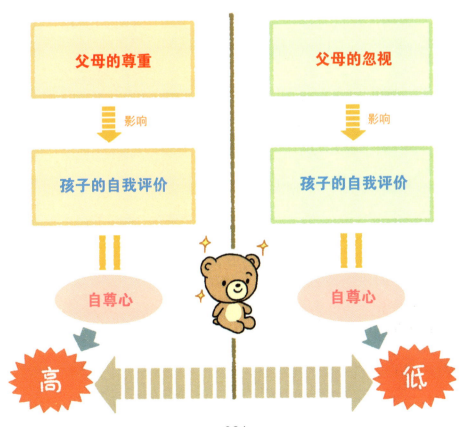

而自尊心过低会给我们的生活带来一系列的危害，包括一些精神问题，如焦虑和抑郁等。而心理学认为低自尊心的人会更轻易地伤害自己，甚至伤害别人。因此，"可悲"的自尊心并不需要抛弃，而是需要被保护起来。

父母是孩子建立自尊心最具有影响力的源泉。**当爸爸妈妈不经过孩子的允许而随意把孩子的东西送给别人的时候，孩子会认为父母对自己忽视和不尊重。**

结语

结语

● 养育孩子的路上给孩子很多很多的爱是不够的，还有一门家长需要学习的功课是尊重。父母的尊重才是孩子建立自尊心的第一步。

对孩子进行挫折教育的正确方法

挫折教育是什么？就是让孩子多吃点苦？并不是。挫折教育并不是简单让孩子吃点苦，而是在孩子吃苦以后家长给予的教育和指导。

挫折教育的目的就是告诉孩子世界并不完美，生活也不会一帆风顺。当遇到困难时，父母不能亲自动手帮孩子解决问题，但可以教会孩子自己去解决问题的方法。这样孩子在未来即使遇到困难，也会努力去解决并获得成功。我们在这里就具体说一说挫折教育在心理学上有哪些要注意的方面。

！第一方面：
帮孩子进行情绪管理

情绪管理是我们非常欠缺的一课。在我们的孩童时期，也没有人告诉我们生气了、伤心了应该怎么做。听到最多的就是"不要生气了""有什么可伤心的""你已经很好了"等"敷衍了事"的说法。

两三岁的孩子处在情绪敏感期，这时候的他们能感知到不同的情绪却不能管理和调节自己的情绪，这也是教育孩子管理自己情绪的最佳时期。

这个年龄的小孩很容易遭受挫折，被挫折打败后还很容易情绪崩

挫折教育的注意点

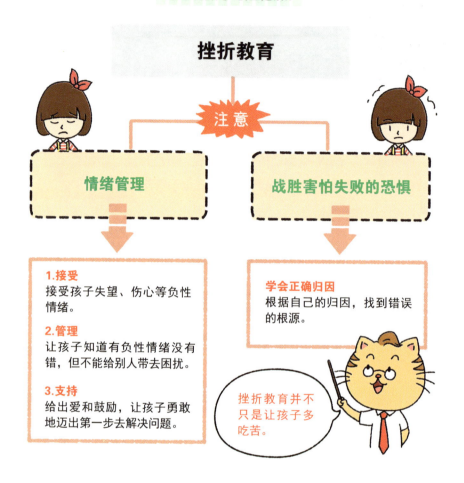

挫折教育

注意

情绪管理

战胜害怕失败的恐惧

1.接受
接受孩子失望、伤心等负性情绪。

2.管理
让孩子知道有负性情绪没有错，但不能给别人带去困扰。

3.支持
给出爱和鼓励，让孩子勇敢地迈出第一步去解决问题。

学会正确归因
根据自己的归因，找到错误的根源。

挫折教育并不只是让孩子多吃苦。

溃。例如，拼接积木玩具不能像模版里那样搭建起来而情绪失控；尝试学习用筷子却怎么也夹不起食物而大哭。

当孩子遇到挫折时，我们首先要接受孩子失望、伤心的情绪。孩子会有这些负性情绪并没有错，情绪没有好坏和对错，只是人们对当前情况的一种生理和心理的反应。其次，我们要让孩子知道伤心难过没有错，但是如果使用发脾气、暴力的方式去发泄这种情绪就会对自己和周围的人都造成困扰和麻烦。并且，这样并不能消除当初的症结，而是在制造新的矛盾。最后，给予孩子足够的爱和鼓励，让孩子坚信爸爸妈妈的支持，并让孩子勇敢地迈出第一步，解决一个对他来说可能真的是十分棘手的问题。

！第二方面：帮孩子战胜害怕失败的恐惧

加州大学伯克利分校的心理学教授马丁·柯劳顿（Martin Covington）认为，对失败的恐惧感直接影响我们对自我价值的评估。如

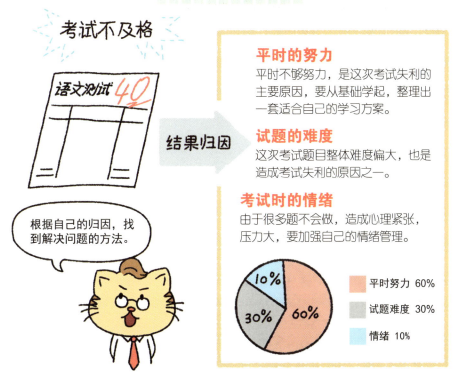

学会正确归因

考试不及格

语文测试 40

结果归因

平时的努力
平时不够努力，是这次考试失利的主要原因，要从基础学起，整理出一套适合自己的学习方案。

试题的难度
这次考试题目整体难度偏大，也是造成考试失利的原因之一。

考试时的情绪
由于很多题不会做，造成心理紧张，压力大，要加强自己的情绪管理。

根据自己的归因，找到解决问题的方法。

10% 30% 60%

平时努力 60%
试题难度 30%
情绪 10%

果孩子在长期的失败之后，将失败的原因归结为自己的能力不足，那么他们很可能不会再去努力尝试，认为自己就是失败的人。这种情况一旦出现，孩子的前程很可能就岌岌可危了。相反，如果孩子认为失败是成功的必经之路，并且能够从中学到知识经验，得到改进，那么他们便不会因为多次的失败而质疑自己的价值，也会在不断的努力中取得成功。

社会心理学中一直认为归因（Attribution）非常重要，是向内归因为自己，还是向外归因为其他，都非常有讲究。父母在教育孩子如何归因之前一定要知道，不同的归因方式可能会改变孩子的一生。因此，当孩子摔倒时不归因为陆地不平，而是归因于孩子自己的不当心；孩子做错题目时不归因为脑子太笨，而是归因于孩子没有看清题目；孩子比赛失利时不归因为赛制不公，而是归因于孩子没有更努力。

当然，在失败后，根据自己的归因，找到错误的根源，并运用正确的方法去解决问题，才是我们引导孩子走向成功的一大步。

结语

结语

● 教育孩子的方式数不胜数，照本宣科并不能保证孩子的未来，把握正确的教育方式才能百战不殆。在挫折教育中，如果孩子能够以平和的情绪去面对挫折，找准正确的归因方式，不再害怕去尝试。那么不管具体的步骤、方法是什么，挫折教育已经成功了一大半。

来自别人口中的 "好妈妈" 压力

　　小时候我们的身边总是有个"别人家"的孩子，他们德智体美劳全面发展。大学的时候也总有"别人家"的孩子，他们考上211、985、国际名校。工作后，又会有"别人家"的孩子，他们进入世界五百强，年薪百来万。在我们的有生之年里，"别人家"并不会因为我们不喜欢就悄悄躲起来。就算当上了妈妈，"别人家"的"好妈妈"也还是不放过我们，她们把孩子养得乖巧，连家里都整理得一丝不乱。

　　不管是从别人口中听到，还是妈妈自己从身边看到。这些"别人家的好妈妈"，让在当妈路途中摸索的新手妈妈受到了无数点的伤害。要想恢复受伤的心灵，难度也并不是一点点。

！为什么总要与 好妈妈比

　　为什么总是要相互比较，相互伤害呢？这是我们作为社会人的一种本能，在社会心理学中叫社会比较（Social Comparison），指对他人的信息进行获取，思考和反馈的一系列心理过程。

　　社会比较的初衷并不坏，往往是能用于自我衡量，自我改进和自我

带娃妈妈的压力

提高。每个人都需要社会比较，是我们在社会中寻求自我定位和改进自己的一种必要的心理。

社会比较并不一定只针对我们生活中认识的人，那些和我们素未谋面的人，也可以成为我们比较的对象。比如，在电视、报纸上看到的一些人物、事迹。甚至，我们还能和一些并非真实存在的虚拟对象进行对比。但是，我们却最喜欢和自己接近的人来比较，也就是说对比对象和我们越相像，我们越愿意与她们比较。因此，明星好妈妈对我们的伤害远远不如邻居家的某个好妈妈大。

那么，和那些好妈妈比会给我们带来哪些困扰呢？

！和好妈妈比较
！会给妈妈带来的压力

社会比较能让我们进步，那么为什么别人口中的好妈妈会让我们压力倍增呢？这也是社会比较的必然副作用。社会比较的方式和使用的情景不同，带来的后果也截然不同。通常社会比较有两种方式，向上比较和向下比较。

和别人口中的好妈妈对比就是一个向上比较的过程，当我们需要自我改进和自我提升的时候，向上比较更能让我们事半功倍。当我们向上比较的时，往往能带来启发，让我们更加进步，并且激励我们达到一个更新的高度。但是，当我们遇到挫折的时候，向上比较只会带来反向的效果。不但不能让人恢复好心情，激发进取心，反而会让人倍受打击，降低幸福感、自尊心，甚至让人抑郁。所以，新手妈妈在照顾孩子频频受挫的时候，再听到某个完美好妈妈的事迹，生活就会变得更糟糕。

！如何快速降低
！当妈的压力

不论我们的性格如何，自尊心高低，向下比较都能在我们受挫时给我们带来力量，让我们的坏心情得到缓解。因此，当妈妈们遇到挫折的时候，最好的办法是向下比较，找到那个比自己还手忙脚乱的妈妈。这样才能快速走出悲伤和忧郁，并能得到更快的恢复。整理好心情以后，再学习好妈妈的好方法和策略才是社会比较的正确方式。

如何快速降低当妈的压力

结语

● 使用正确的方式与好妈妈进行对比可以提高我们做妈妈的各类技能。但是，每个宝宝都有自己的特质，每个妈妈也有自己的教养方式。因此，有时候不去和别人家的好妈妈对比，会让生活更轻松简单和愉快。

08 对孩子的爱就要大声说出来

　　有一种沉默的爱，是每每在孩子的身后，悄声关注，默默付出，不求回报，也从不言明。这种爱的方式在我们的身边普遍存在，普遍到大家认为父母的爱就应该这样。尤其是父爱，"大爱不言"符合中国传统文化对男人和对父亲的定义。

　　小时候我们总是担心爸爸妈妈是不是真的爱自己，而长大以后爸爸妈妈又一直不知道我们到底是不是爱他们。其实，这种无言的爱一点都不伟大，是一种亚健康的爱，不完全的爱的方式。所以，现在我们成了孩子的父母，爱孩子就要大声告诉孩子，"我爱你"也要常常挂在嘴边。

！孩子需要听到父母说的"我爱你"

　　初生婴儿每天只是在嗷嗷待哺和甜美入睡的模式中切换，但是这个啥都不会做的小肉团并不仅是会吃奶和睡觉，他们也需要来自母亲的爱抚。在心理学著名的实验"恒河猴实验"中，哈洛分别使用了两种不同的假母猴，一种是冰冷的有乳汁的，另一种是温暖的没有乳汁的。给定了一些出生不久的小猴子，让它们去选择接近两种假母猴中的一种。结果发现，小猴子更喜欢温暖却没有乳汁的母猴子。这个实验告诉我们，并非有奶就是娘，小猴子更喜欢温暖和爱抚，那么小宝宝也一样。吃饱穿暖并不就是孩子需要的爱，宝宝更需要来自母亲的全方位的爱。而随着孩子的成长，对情感上爱的需求也越来越大。

有了宝宝的父母总觉得像多了一个拖油瓶，认为孩子总是喜欢贴在自己的身上。孩子确实对父母的爱有特别多的需求，并且父母的爱对孩子的成长也是有利的。**发展心理学的依恋理论（Attachment Theory）认为，小时候得到更多爱的孩子会更有安全感。**

孩子的不同需求

孩子的需求

物质需求
父母爱孩子需要满足孩子一定的物质需求，如衣物、玩具等。

情感需求
爱孩子也要充分满足孩子的情感需求，让孩子有安全感。

当孩子成长到可以独立活动的年纪，安全感高的孩子更能够离开父母的庇护去探索世界，因为他们知道父母总会在不远处关注着自己。而缺乏安全感的孩子却会畏畏缩缩，不敢远离自己的父母。

相信每个父母都希望给孩子所有的爱。对孩子的爱可以表现在很多方面，比如在物质方面。**但最"简单粗暴"的方式就是大声告诉孩子我们对他的爱，这也是最有效的方式。**语言是人与人沟通最有效的工具之一，没有什么比告诉对方更能让双方明了的了。并且，语言对我们的影响远比我们想象的要深远。

所以，爱孩子也是一定要说的。

！父母需要听到自己对孩子说"我爱你"

每天对孩子说"我爱你"，会让我们更爱自己的孩子。在心理学中把这种现象叫认知失调（Cognitive Dissonance）。

对认知失调最普遍的解释是，因为同时存在两种矛盾的想法，而产生了一种不舒适的紧张感。而人们为了缓解这种不舒适感，会主动调节其中的一种想法。

说这是认知失调，并不是说，父母并不爱孩子，说了"我爱你"之后会产生不适感。而是，在我们的传统认知中，"我爱你"是个不容易被说出口的句子，特别是当对象是自己的家庭成员时。

因此，要每天对孩子真情实意地说"我爱你"，确实会带来少许不适感。但是，日久天长，我们会在大脑中慢慢调节自己的认知，直到有一天我们对说"我爱你"的认知和我们说"我爱你"的行为能够和谐相处。另外，**每天说爱，也是对自己要更爱孩子的一种心理强化。**

情感关爱与孩子的安全感

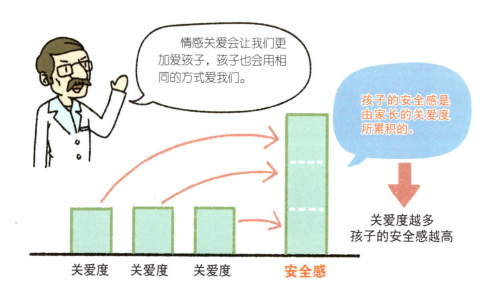

情感关爱会让我们更加爱孩子，孩子也会用相同的方式爱我们。

孩子的安全感是由家长的关爱度所累积的。

关爱度越多
孩子的安全感越高

关爱度　关爱度　关爱度　**安全感**

一起讨论你感兴趣的话题吧！

　　在带娃路上往往都是风里雨里一路"打怪升级"，如何才能成为孩子心中合格的爸爸妈妈，给他们最合适的爱，是值得我们探讨的话题。

　　如果有自己的好意见好想法，可以扫描左边的二维码，进入讨论群，和其他的爸爸妈妈、育儿专家们一起讨论育儿方法。

第**2**章

帮妈妈解决
孩子的饮食烦恼

要说在育儿道路上什么问题最让爸爸妈妈们操心，
孩子的饮食问题应该是首当其冲了。
谁家没有一个吃饭困难户呢?

为什么有的孩子断母乳很不容易?

世界卫生组织提倡妈妈纯母乳喂养到宝宝6个月，并且持续母乳喂养到宝宝两岁为最佳的喂养方式。但是，现实生活中，由于生计和职场压力，或者一些其他的原因，很多妈妈不得不在孩子较小月龄的时候就断了母乳喂养。

提早断母乳对妈妈来说是一种挑战，因为母乳是妈妈和宝宝专有的亲密关系，不能保持这种亲密接触不仅对妈妈的身体有很大的影响，对心情也是。不能长期地接受妈妈的母乳喂养对宝宝来说更是一种挑战，因为不能依偎在妈妈身边享受来自妈妈身体的温暖和香甜的乳汁，更会让宝宝没法体会妈妈最最亲密的爱。

断母乳对每个孩子都不容易，那么从心理学的角度来看，为什么有的孩子特别地难断母乳呢?

！母乳喂养给孩子带来什么?

其实，母乳喂养并不简单地是给宝宝吃饭而已。**母乳给宝宝带去的不仅是可以饱腹的乳汁，也为宝宝提供了成长需要的营养和建立身体免疫力的抗体。**母乳能给宝宝最踏实的安慰，缓解宝宝的疼痛和不安情绪（比如，在医院注射疫苗后），促进宝宝更香甜的睡眠，甚至母乳喂养的宝宝更不容易猝死，健康成长的概率更大。并且母乳是妈妈和宝宝建立依恋关系的重要环节，长期的母乳喂养也有利于宝宝将来的社交能力。另外，母乳喂养过程中妈妈体内产生的催产素，也对妈妈和宝宝的身心健康有诸多益处。

母乳喂养能给宝宝带去安慰。每次宝宝哭闹，家中老人总是催促着妈妈喂奶，认为哭是宝宝饿了的表现。这种做法虽然不一定是对的，但也歪打正着说明了一些道理。宝宝有时候哭闹找奶，并不是因为饿，而是在寻求安慰。作为一个来到新世界、身处全新环境的小宝宝，需要安慰是成长的本能。宝宝出生之前在一个狭小、黑暗、安全的包裹环境中

母乳的秘密

> ❶ 母乳里面不仅含有宝宝成长需要的糖分、脂肪、蛋白质等成分，还给宝宝带去了建立免疫力的抗体。

生活了9个多月。一瞬间来到一个开阔、明亮、吵闹、完全陌生的大世界，身边围绕着各种让他无法理解的事物。而小宝宝却只能用哭来表达需求，有时候表达了还未必得到相应的满足。这么想来小宝宝的生活其实是非常不如意的。所以，妈妈们能够通过母乳多给宝宝带去安慰，这也是最能为孩子做的事情。

虽然，因为工作等诸多因素不得不给宝宝断母乳，但是，有的宝宝断母乳较容易，而有的宝宝断母乳却异常困难。

！为什么有的
宝宝难断母乳

一方面，缺乏安全感。宝宝从出生以后就自带个性，每个孩子都有自己独特的一面。即使还不会说话，不会走路的小宝宝也会在很多方面体现出自己的特质。比如，有的宝宝出生以后总是哭泣难以安慰，而有的宝宝却能独自入睡。这些不同源于宝宝与生俱来的性格和气质。有安全感，更有探索气质的宝宝即使在妈妈不亲自母乳喂养的时候也显得很安静。然而，缺乏安全感，容易内敛，害羞的宝宝，就会更愿意依偎在妈妈的怀里，从妈妈的乳汁中寻求安慰，离开母乳就会让他们变得局促不安。

另一方面，宝宝的敏感体质也会让断母乳变得困难。高敏感也是某些宝宝天生的特性，他们这种对身边事物和变化的异常敏感来自于人类的进化过程。在远古时代，保持敏感和警觉是人类逃脱天敌的一项必要的功能。因此，在人群中，总是需要几个特别敏感的人来保持人类的存活率。进化至今，虽然我们已经不需要时刻怀揣能否存活下来的畏惧，但是身体中却依然保存着敏感的特性。所以敏感特质的宝宝会更容易地察觉到喂养方式的改变，也会更加排斥新的喂养方式。他们不喜欢改变，因为一直得到妈妈的母乳喂养，会让他们觉得更加安心。

难断母乳的原因

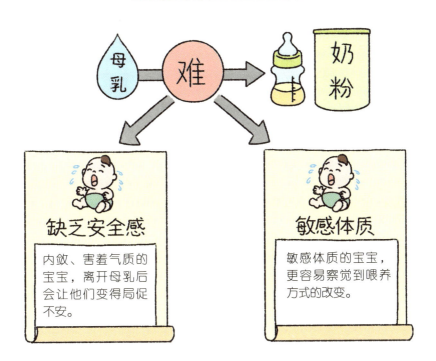

缺乏安全感

内敛、害羞气质的宝宝，离开母乳后会让他们变得局促不安。

敏感体质

敏感体质的宝宝，更容易察觉到喂养方式的改变。

结语

结语

● 母乳是宝宝在成长过程中最大的依赖，如果可以，母乳喂养的时间越长，断奶的难度也会变得越小。母乳喂养的妈妈可以通过循序渐进的方式慢慢让宝宝接受新的喂养方式，而不是在哭闹中生生夺走母乳给孩子带去的安全感。

为什么宝宝老是拿了东西就往嘴里塞?

宝宝在两三个月的时候开始尝试把手塞进嘴里吃,六七个月以后就把身边的玩具塞进嘴里,九到十个月以后宝宝会爬向自己想要拿的东西,拿起来塞进嘴里。这种把任何东西都往嘴里塞的现象可能会一直持续到两岁左右。

其实,当宝宝开始尝试把手放进嘴里吃的时候,我们就应该欢呼雀跃。因为这是宝宝开始探索世界的里程碑,他会在很长的一段时间里,用自己的嘴和舌头来感受和学习自己身边的各种事物。

! 宝宝是在 探索世界

虽然手是人类完成最精密活动的器官,但是,手指功能的完善并不是在刚出生的时候就完成了。手指进行精密活动所用到的肌肉一般会在宝宝上幼儿园以后才会开始增强起来,并且要通过一定的训练才能像成年人一样做各种细致的活动,比如,扣纽扣、写字、涂颜色、穿针引线等。那么在手指小肌肉增强之前的很长一段时间,宝宝会使用自己的舌头和嘴巴来探索世界。因为宝宝的嘴里有很多神经末梢,这些神经末梢能帮助宝宝感受各种事物的触感、味道、温度,等等。

==当孩子两三个月开始吃手的时候，是在学习认识自己的身体器官，吃手的过程让孩子认识身体的各个部位。== 还有些灵活的小宝宝也同样会吃自己的小脚丫。

当宝宝有能力抓握东西的时候，他们又多了感知其他东西的能力。最初孩子从爸爸妈妈手中接受玩具放进嘴里，他们能感知到这个东西和他们自己的小手很不一样。

之后，当宝宝可以自由移动以后，他们开始寻找自己感兴趣的东西来探索。当宝宝在户外玩耍时，把地上的草，或者把沙滩的沙子放进嘴里，他们也只是想知道，这是什么东西？这东西是什么形状的？这东西

宝宝用嘴探索世界

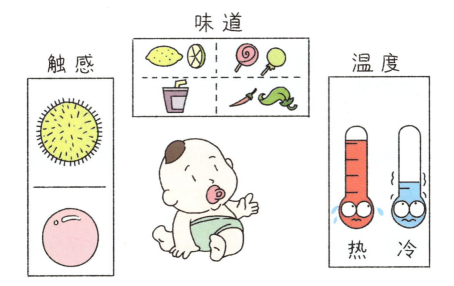

❶ 宝宝在手指肌肉变发达之前，就用嘴巴来探索世界，感受各种事物的触感、味道、温度等。

是什么味道的？这东西是软的还是硬的？这和我之前吃过的东西有什么不同吗？

此时如果爸爸妈妈因为害怕宝宝吃进去脏东西而强行限制他们活动的话，那么他们可能就失去了学习某种物质的机会。这个时候可以小心温柔地告诉孩子，这些东西是不能放入嘴里"探索"的，并除去孩子手中的"脏东西"，换成可以入嘴的东西即可，孩子们也会很开心的。

==另外，当宝宝能够使用自己的小手来探索世界的时候，他们往往会不再使用嘴巴来探索世界，这一般都会发生在两岁左右。== 他们也会慢慢地学习到不是所有的东西都能放进嘴里的，并且会认识到嘴巴是用来吃饭的。所以到那时，爸爸妈妈也就不用再担心孩子会吃进去什么不该吃的东西了。

！宝宝是在寻求安慰

小宝宝吃手除了探索自己的身体部位以外，也是在寻求安慰。小宝宝，尤其是出生不久的宝宝需要通过吮吸来安慰自己。特别是当他们想睡觉的时候、感觉到不安的时候，或者当环境过于复杂的时候。如果在这些情况下能吮吸到妈妈的乳房，那一定是对宝宝最大的安慰。但是，妈妈并不能随时随地给宝宝吮吸乳房的机会，慢慢地宝宝就学会了通过吮吸奶嘴，或者自己的手来安抚自己。

另外，当宝宝出牙的时候，他们也同样会通过吃手，或者咬其他的小玩具来帮助自己缓解不舒服的身体状况和焦虑的情绪。

宝宝在寻求安慰

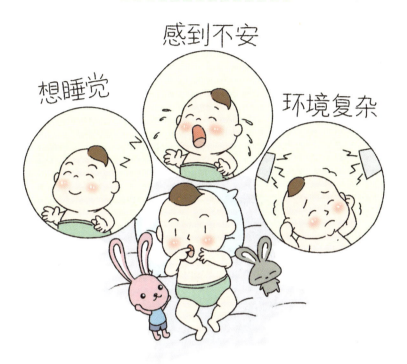

想睡觉　感到不安　环境复杂

> ❗宝宝感到不安，想睡觉或者环境复杂的时候，就会通过吃手来安抚自己的情绪。

结语

结语

● 因此，当我们担心宝宝会吃进细菌和不小心吞入小物件时，我们可以做的是做好消毒和卫生工作，把任何可能入口吞下的小物件放在宝宝没有办法拿到的地方。而不是强制要求宝宝改掉吃手、吃玩具的行为。因为，这是宝宝在成长过程中自我学习的重要环节，并不是宝宝需要改掉的坏习惯。

03 孩子喜欢边玩耍边吃饭怎么办?

为什么孩子总是喜欢一边吃饭一边玩,甚至喜欢玩不爱吃饭。怎么对于我们来说特别有趣的"品尝美食"就对孩子没有吸引力呢?答案很简单,因为孩子觉得玩更有趣。

可是,并不是所有的孩子都会边玩耍边吃饭,为什么有些孩子能够乖乖端坐和家人一起共进晚餐呢,那多半是得益于家长的悉心培养。相同的道理,边玩耍边吃饭的孩子也多半是家长的疏忽。

! 孩子为什么 会边玩耍边吃饭?

可能我们已经无法记得孩子是从几时开始非要一边玩耍一边吃饭的了,甚至是要一边看着电视一边才能吃上几口。**这些边玩耍边吃饭的孩子大多是在父母的"帮助"下养成了这样的坏习惯。**而坏习惯的开头大多很相似:某一天,孩子不愿意吃饭,或许是因为并不太饿,或许是因为正好玩在兴头上,又或许是因为没有食欲。但是,作为希望孩子能够茁壮成长的爸爸妈妈,怎么能允许孩子有一天不好好吃饭呢?于是,家长拿出各种杀手锏,说学逗唱地哄孩子把饭吃下去。有时候甚至为了孩子能多吃一口，在身后追着，用各种游戏骗孩子吃进去。

孩子是很机灵的小生物。当他们发现原来吃饭也可以那么有趣时，便开始故技重施地为了玩耍而不好好吃饭。长此以往，玩耍成了孩子继续吃饭的奖励，而这种奖励促成孩子养成了不玩耍就不吃饭的坏习惯。

孩子边玩边吃饭的原因

孩子不吃饭，父母就用奖励吸引孩子吃饭。

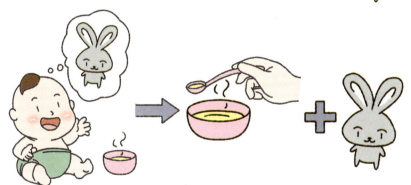

孩子为了获得奖励，频繁地故技重施。

！怎么让孩子好好吃饭

既然边吃饭边玩耍是一种习惯，建立了它，自然也可以将它打破。虽然，打破习惯并不容易，但是，只要有正确的方法和耐心，就能够纠正孩子边玩耍边吃饭的坏习惯，让孩子成为有饭桌礼仪的小绅士和小淑女。

1.活用奖励机制。建立习惯的过程中，奖励是一个重要的因素。因为奖励给人们带去的快感，促使人们再一次进行相同的行为，反复重复之后，从而建立了新的习惯。当然，我们在这里说的奖励并不一定是物质奖励，其他能使我们精神上感到愉悦的都可以说是奖励。比如说，在孩子吃饭时，玩耍带来的乐趣就是奖励，孩子为了获得奖励继续坐下来吃饭。之后，没有奖励孩子就不再愿意坐下来吃饭，父母为了让孩子吃

如何让孩子好好吃饭

1.活用奖励机制。　　　　　　　　　　2.循序渐进的规则。

饭，不得已继续让孩子边吃饭边玩耍，长此以往，就给孩子建立了玩耍和吃饭的联系，孩子也就养成了边玩耍边吃饭的坏习惯。想要改掉这个坏习惯，首先要做的是把奖励从习惯中拿走。也就是说，孩子不把饭吃完就不能玩耍，把玩耍的奖励推迟到吃完饭以后，或者干脆取消这个奖励，从而慢慢地打破原有的边玩耍边吃饭的坏习惯。

2.循序渐进。改掉孩子的坏习惯，需要做出合理的规划。罗马不是一天建成的，习惯也不是一日就养成了的。因为习惯建立以后，在大脑中会行成一个自动化的过程，大脑不需要对这个行为做过多的加工就可以完成。所以，要改掉习惯就是强行把这个自动化破坏掉。这需要比建立习惯花费更多的时间和精力去实现。因此，不能希望孩子在几天之内就能改掉坏习惯，建立新的好习惯。我们这里能做的是和孩子一起建立一个可行的方案，一步一步循序渐进地改变。并且允许在改掉坏习惯的过程中有反弹的现象。一段时间之后，坏习惯就可以慢慢改掉了。

结语

● 其实，相比于改掉自己身上的坏习惯，帮助孩子改掉坏习惯要更容易一些。因为爸爸妈妈们只要能够下狠心，合理引导，相信孩子完全有自己独立吃饭的能力，就一定能教出好好吃饭的乖小孩。

真的可以在孩子吃饭的问题上"威逼利诱"吗？

宝宝从七八个月开始就会出现不再安分守己乖乖进食的苗头，他们总是对周边的一些新鲜刺激格外感兴趣。当他们吃奶的时候，周边的说话声、音乐声，或者房间内的小摆设、窗帘上的图案都是他们开小差的目标。吃奶总是会被各种外界事物打扰，吃饭的时候也总是被新鲜东西吸引。这种状况可以一直持续到宝宝长大以后。当宝宝长到可以上幼儿园，甚至上小学的年纪，他们还是会因为周围的新鲜事物而不好好吃饭的。因为他们总是会一边吃饭，一边惦记着身边的小玩具，或者想要看的动画片。

因此，孩子的吃饭问题总是会让爸爸妈妈头疼的。那么，为了让孩子多吃一点，不惜用上"威逼利诱"的手段真的可以吗？其实，从心理学上看，"威逼利诱"并不是一个好的解决方案。那么，让我们来看看如何不使用"威逼利诱"的手段也能让孩子好好吃饭。

！寻找正确的吃饭动机

动机（Motivation）是我们某个行动的源泉，通过影响我们的生理、情绪、认知等各方面来促使我们完成某个行为，并且一而再，再而三地重复。简单地说，动机就是我们为什么要这么做。

==动机可以分为内部动机（Intrinsic Motivation）和外部动机（Extrinsic== ==Motivation）。==内部动机来自于我们自身，来自于完成任务给我们内心带来的愉悦感，我们是出于满足自己而去做这个事情；而外部动机来自于外部，比如奖励和惩罚，我们因为想得到某种奖励或者害怕惩罚而完成任务。同样是引导我们的行为，内部动机和外部动机带来的结果却不尽相同。在内部动机引导下的行为往往持续时间更长，并且任务完成的效果也会更好；而在外部动机引导下的行为持续时间短，很有可能会半途而废，并且就算完成了，结果也不尽如人意。

通过"威逼利诱"来吸引孩子吃饭显然是引导孩子吃饭的外部动

动机的分类

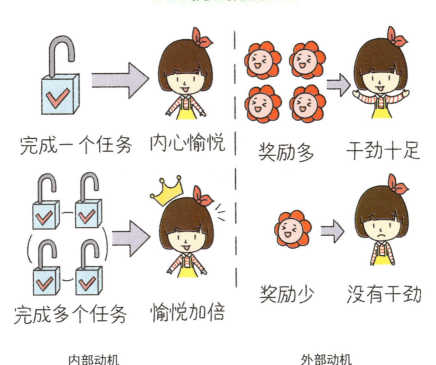

完成一个任务　内心愉悦　　奖励多　干劲十足

完成多个任务　愉悦加倍　　奖励少　没有干劲

内部动机　　　　　　　外部动机

机，无论孩子是为了得到奖励，还是因为害怕惩罚才吃饭，在孩子的内心深处，依然对吃饭有着排斥的心理。所以"威逼利诱"并不能从根本上解决孩子的吃饭难题。并且，社会心理学指出，过度使用外部动机反而会更加抑制内部动机的功能。也就是说，如果长期用"威逼利诱"的方式让孩子吃饭，孩子会变得越来越没有自发想要吃饭的动机。这就会导致孩子的吃饭问题愈演愈烈。

！怎样解决孩子的 吃饭问题

　　缩短并固定家里的吃饭时间。孩子有满满的好奇心和能量，但与之相对的注意力和耐心却总是有限的。因此，针对孩子的这些特点，我们可以将吃饭的环境简单化，将吃饭变得更有趣，从而让孩子更能集中精力在食物本身。爸爸妈妈们可能也发现了，孩子总是开始吃得好好的，到后来就越来越磨蹭。所以，==我们不可以把吃饭的战线拉得太长，而是轻装上阵速战速决，让孩子在耐心耗尽之前结束吃饭。==必要的时候，我们可以把每顿饭安排在固定的时间内完成，不给孩子拖拉的机会，慢慢地他们也就会养成在规定时间内好好吃完饭的习惯。

　　让孩子自己爱上吃饭。家长不要给自己太大的压力。不要妄想孩子能够每顿饭都吃得完美，保质保量地按照我们的期望吃下一整碗饭，连带两荤三素一汤，不要为了最后一口饭没有吃完而向孩子大发脾气。其实让孩子在较轻松的环境下吃饭，更有助于他们建立起好好吃饭的习惯。一旦这种习惯建立起来，再慢慢地让孩子做到吃得规范，吃得好。

另外，家长也尽可能地做出好的榜样，让孩子看到自己也喜欢吃蔬菜、喝汤等，慢慢地孩子也会学着去尝试家长的吃饭方式，这也是孩子会爱上吃饭的原因之一。

如何解决孩子的吃饭问题

1. 缩短吃饭时间。

2. 让孩子自己爱上吃饭。

结语

结语

● 吃饭应该是我们生活中的日常，和睡觉、走路一样平常。我们要让孩子知道，大家坐在一起吃饭是我们每日的必需，并不会因为吃得多而得到奖励，也并不会因为吃得少就一定要惩罚。父母越过多的关注，孩子就越觉得在吃饭的时候要出各种花样是值得做的事情。

孩子出现厌食症状了怎么办?

只要是有孩子的父母一定都深有体会，孩子能吃好睡好就是最大的福气。然而，理想和现实之间总是横着一条宽宽的鸿沟。谁家没有一个吃饭困难户呢？心理学的最新研究发现，在3到11岁的孩子里，有39%的孩子都是吃饭困难户。2岁左右是孩子最挑食的阶段，而6岁以后会慢慢好转。因此，孩子的吃饭问题是普遍存在的。

吃饭困难户已经是非常让人头疼，如果孩子再时不时闹一个厌食，那简直就是雪上加霜，让大人操碎了心。当然，我们在这里讨论的并不是病理性的厌食症，而是孩子出现的短期厌食性症状。如果孩子被诊断为病理性厌食症，请家长一定要配合医生进行治疗。那么，当孩子出现短期厌食性症状后我们该怎么做呢？

! 找出厌食的原因

我们很多的焦虑情绪都来自于对事实真相的不了解。人类对于未知总是有着无名的畏惧，我们希望了解周围的一切，我们也希望掌控发展的节奏。一旦事情不能按照我们的预期发展，我们就会呼吸急促，血流加快，紧张起来。因此，当孩子出现厌食症状的时候，爸爸妈妈们首先要做的就是了解事情的真相，找出孩子厌食的原因。看孩子到底是厌恶某种特定的食物，还是其他的原因影响了食欲。

！ 对于厌恶特定食物的孩子该怎么做

首先，如果孩子从出生那一天起就表现出各种挑食的症状，那么这可能是孩子天生的体质决定的。这些孩子大多是高敏感孩子，他们对食物的味道和质地非常敏感，他们会拒绝一切他们认为无法承受的食物类型，有时候甚至连尝都不会尝一下。因为这种体质是天生的，所以他

解决孩子特定食物的厌食

1. 孩子是高敏感体质时，父母也不要强求他们吃不喜欢的食物。

2. 对于一般厌恶特定食物的孩子，可以把食物做成他们能接受的样子。

们可能会终其一生都是一个各方面都特别敏感的人。而教养这类孩子往往对父母来说是一种特别大的挑战，因为他们很难适应各种改变和新情况。因此父母能做的是要学会接受孩子的这种敏感特质，不要过于强求孩子尝试所有让他们厌恶的食物。因为对于他们来说那些东西可能真的无法承受，而并不是多尝试几次就能习惯的。

其次，对于一般厌恶特定食物的孩子，可以尝试把一些食物做成孩子可以接受的样子，并且鼓励孩子进行简单的尝试。比如，仅尝试或者挑选一样孩子觉得可以接受的新食物，做成看起来很可爱的动物或卡通形象，一步一步的让孩子不再害怕对他来说新异的食物，克服对特定食物厌食症状。

！对于出现阶段性 厌食症状的孩子该怎么做

事实上，几个月的宝宝也会出现厌食症状，也就是我们常说的厌奶。出现厌奶症状的宝宝，可能会每顿吃奶都非常地抗拒，明明很饿却顽强抵抗送上来的奶，连续几天奶量递减。只要不是病理性的厌食症状，家长都不用过度担忧，因为，这种状况会在短时间内消失。当孩子长大一些以后，如果是出现短期的厌食症状，我们也不用过度担心，接受孩子有几天不怎么想吃饭的事实，相信在几天以后一切都会恢复正常。

但是，一些心理问题也会很大程度上影响孩子的食欲。比如，抑郁、焦虑等情绪。再比如，父母的争吵、搬家、比赛、考试、和小朋友们争吵等也都会让孩子出现短暂的厌食症状。因此，当孩子出现厌食症状时，我们还可以做的是，仔细思量最近发生的事件，找出有引起孩子厌食的可能。找到了根源，就可以对症下药，才不至于手忙脚乱。一些心理学的研究还发现，对于孩子的吃饭问题，最大的忌讳就是家长给予压力。==当孩子出现厌食症状时，如果家长表现出焦躁情绪，并且强迫孩子吃饭的话，那么对孩子克服厌食症状是适得其反的。==

解决孩子阶段性的厌食

1、病理性厌食，要及时把孩子送去就医。

2、不想吃饭是正常现象。

3、因为心理原因不想吃饭，就要找孩子谈一谈了。

结语

结语

● 不管是哪种情况造成的厌食症状，我们都要明白孩子的反射弧总是慢于我们的想象。想要孩子重新好好吃饭，或者喜欢上一种新的食物，往往都要尝试10到15次，甚至更长的时间。因此，怀有最大的耐心是当孩子厌食时，我们最需要做到的。

06 参与感会让孩子爱上吃饭这件事

孩子天生就喜欢做我们的小助手，他们喜欢参与一切家务活动，扫地、洗衣服、摆放餐具。只要是爸爸妈妈在家里干的活，他们全部都想亲自尝试一遍。当遇到孩子想要积极参与家庭活动的时候，我们要对孩子说的不是，"一边玩去吧。"而是，"来吧，我们一起来做。"对家庭事务的参与能让孩子有成就感，同样，对饮食活动的参与也能让孩子爱上吃饭。

！孩子有认识世界的需要

从孩子呱呱坠地开始，他们每天都在认识和感知这个世界。去探索世界，了解自己周围的环境是我们人类天然的动机。我们想知道自己是谁，周围的一切是什么，怎么样的，为什么会那样。而当我们熟知一切后，就会保有更高的热情面对生活。因为我们喜欢生活在熟悉的环境中，喜欢交往和我们相似的人。只有在熟悉的环境中，才能保证人类最高的存活率，保证自己不被天敌吃掉，这也是人类在进化过程中保留下来的特性。

因此，在我们买菜、洗菜、做饭、摆盘的环节中，都可以让孩子参

与进来。 孩子会在参与的过程中学习到：我们买的菜叫什么名字，菜要怎样洗干净，做菜需要放哪一些佐料，把饭菜放在饭桌的哪个位置。这些知识虽然在我们看来只是简单的生活技能，不会出现在学校考试的试题上，但是在这个过程中，孩子不仅对自己将要吃的饭菜有了更多的了解，有了熟悉感，还能感受到自己和这一盘热腾腾的饭菜之间的联系。孩子会自豪地认为这是我做的菜，对食物的认同感，会让孩子更爱上那一道菜。甚至，孩子还会向别人介绍这道菜，并且劝他们也尝试一下。这都是孩子有成就感的表现，而这种成就感来自于孩子的参与。

参与感的作用

1、带孩子一起去买菜。  2、让孩子试着动手切菜。

3、让孩子试着自己炒菜。  4、让孩子享受自己的劳动成果。

！孩子有控制的
！需求

经典的临床心理学研究发现，如果我们不能控制自己的状态，无法改变自己的现状，就会出现"控制感的剥夺"。我们会感到无力，甚至丧失积极主动去改变自己的欲望和行为。而长期的"控制感剥夺"会导致抑郁症等情绪障碍。相反，能够控制自己周围的环境可以减少焦虑。因此，有一定的控制欲是人帮助自己控制情绪的一种本能，孩子也会享受控制给他们带来的安全感。

孩子在参与做饭的过程中，他们不仅认识到食物的制作过程，也会认为最后端上桌的菜肴是他们自己把握的结果。**对饭菜的控制感，可以让他们完全打消看到桌上莫名其妙的料理带来的焦虑。**特别是对于高敏感的孩子，他们对食物的相貌、颜色、质地、气味都特别地在乎。但是，如果他们对某一食物有了相当的了解，他们就会愿意去接触和品尝。相反，如果他们对那个食物一无所知，甚至会觉得食物看上去是不好吃的，或者是他们无法下咽的东西，那他们可能连尝试都不愿意就已经放弃那道食物了。

一起讨论你感兴趣的话题吧！

关于孩子的饮食问题，爸爸妈妈们永远有操不完的心。担心孩子吃不好，担心做的菜不合孩子的胃口，还担心饮食的搭配，等等。

本章只列举了典型的几个方法，如果大家有其他的好方法，也可以扫描左边的二维码，进入讨论群，和其他的爸爸妈妈、育儿专家们一起讨论育儿方法。

第3章

帮妈妈解决带孩子出行的不安

在带孩子出行的途中，总会遇到各种让我们措手不及的事情。在交通工具内大哭，对说好的出行突然不感兴趣，跑出去了拉也拉不回来，等等。

为什么宝宝会在交通工具上大声啼哭?

美国某航空公司有一个有趣的广告,广告中,机长宣布只要飞机内有宝宝哭闹一次,全机人员的机票就减去25%,因此,当飞机上有四位宝宝哭泣时,全机乘客的机票全部免费。这时第四个宝宝开始哭闹,整架飞机内都欢呼了起来。广告的用意在于让乘客对飞机上的宝宝哭闹抱以包容的态度,同时也安抚了带孩子出行的父母。但也不难看出,飞机上哭闹的宝宝给其他乘客带来莫大的困扰,以至于航空公司需要投巨资去广而告之。那么,为什么宝宝总是在交通工具上那么不安分呢?

！交通工具给宝宝带去生理上的不舒适感

小宝宝对周围环境的承受能力要远远低于我们成年人。比如对于空气、声音等。在交通工具狭小的空间里,宝宝很可能会因为声音过大被吓到,也可能会因为空气不流通产生压抑感而哭闹。再比如飞机在升降过程中对宝宝的耳蜗造成压力,有的宝宝甚至会感觉到疼痛而大声哭泣。同样,当火车或者汽车以高速经过狭小空间的时候,宝宝也会体会到类似的疼痛感。**这个时候家长可以帮助孩子做吞咽动作,比如喝奶、喝水,或者吃东西都能帮助孩子缓解身体的不适感。**

❗交通工具的单调环境
让宝宝变得没有耐心

小宝宝总是喜欢各种新鲜的环境，喜欢探索各种各样的新世界，但是他们的注意力之短却让人惊讶。如：8至15个月的宝宝对一种小玩具的注意力在一分钟左右；16至19个月的宝宝对一种活动的注意力在2~3分钟；20至24个月的宝宝可以对某个活动持续3~6分钟的注意力；25至36个月的宝宝对玩具或者活动的注意力在5~8分钟；3至4岁的孩子对活动的注意力在8~10分钟。从数据中我们可以了解到，为什么宝宝总是要不停地玩新玩具，为什么宝宝不能长时间地待在同一个地方，或者完成一

孩子的注意力时长发展

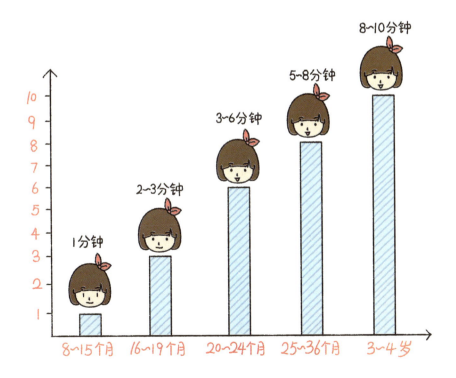

项任务。

这是因为他们总是在开始新活动的时候保有特别大的热情，但是很快就觉得无趣了。这是由孩子未发展完全的大脑构造决定的，但会随着孩子年龄的增长而慢慢改进。而无论是乘汽车、火车，还是飞机，宝宝都只能长时间地待在同一个比较单调和有限的空间内，没有足够的新鲜事物，也不能到处跑动，他们甚至会觉得交通工具内的色彩都特别地单一，让他们提不起半点兴趣。注意力如此之短的小宝宝怎么能不因为无聊难耐而哭闹呢？

！爸爸妈妈给予的压力
会让孩子更加不安

当孩子在车内或者飞机内哭闹时，爸爸妈妈总是会加以制止。但是，因为改变不了当前环境，孩子还是会哭闹不止。此情景下，车内或飞机内其他乘客投来异样的眼光，甚至是指责，会让爸爸妈妈觉得羞愧和懊恼。而此时，父母又很难不把这种情绪变相地施加到自己的宝宝身上。被指责的宝宝这时候更会有"宝宝心里苦，宝宝无法说"的悲壮，从而大哭起来。因为即使是听不懂话的小宝宝，也一样能感受到父母的焦虑情绪。接收了这些负面情绪的宝宝也会更加焦虑和不安，大哭一场在所难免。

我们家长需要首先了解宝宝在车内哭闹的原因，根据不同的原因，做出相应的对策，就能相对地减少孩子的不舒适和不开心。另外，家长也可以在出行时，向有可能被打扰到的乘客提前做出说明，在有心理预期的前提下，人们也会变得相对宽容一些。

交通工具给宝宝带去不适感的原因

车内空间狭小。

交通工具内部声音大。

空气不流通的压抑感。

结语

结语

●带孩子出行是教养孩子过程中的必修课。爸爸妈妈可以尽可能地排除在旅途中出行方式给孩子带来的困扰，满足孩子必要的生理和心理需求。同时还需要调整好自己的心态，才能在带娃的道路上"打怪升级"。

为什么宝宝不愿意坐上安全座椅？

美国国家高速安全局数据显示，宝宝在汽车行驶中使用安全座椅可以将事故造成的伤害降低67%。在美国，初生婴儿出院时，必须乘坐安全座椅，医院才能放行，因为美国法律规定7岁以下的儿童在车内不乘坐安全座椅是违法行为。近年来在中国，随着家庭用车的普及和人们安全意识的不断增加，使用安全座椅的比例也在不断增长。虽然，没有立法来强制安装儿童安全座椅，但在某些城市，已经有使用安全座椅的相关规定，如海南、上海等城市。

使用安全座椅的家庭虽然在不断增加，但是，依然很少有家庭能够做到，从宝宝出生时就开始使用安全座椅。而当宝宝长大一些才使用汽车安全座椅时，宝宝却不愿意坐上安全座椅的例子却是屡见不鲜。显然，与牙牙学语的宝宝去理论坐上安全座椅就可以保证他的人身安全的做法是基本无效的，甚至有时候利诱哄骗也不能让宝宝心甘情愿坐上去。那么，为什么宝宝不愿意坐上安全座椅呢？

！ 坐安全座椅是真的不舒服

在我国，因为没有明确的法律约束，也因为大多数人们安全意识的缺失，大部分的家庭都在宝宝较大的时候，才安装上安全座椅。**对于**

==这么一个新的装备，宝宝的反应可能刚开始觉得新鲜，但大多最后却是会抗拒。==这就好比我们俗话说的"从俭入奢易，从奢入俭难"，宝宝以前坐车都是被家长抱着，坐在大人的怀里不但舒适，还能随心所欲地活动，显然是愉悦的乘车感受。忽然坐进了安全椅里，不但硬硬的不如家长的怀抱，而且还有安全带的束缚，想要看看风景也不能。因此，对于好奇心十足，又耐心有限的宝宝来说，坐在安全座椅上面真的不是一种愉快的体验。

此外，有一些宝宝还会因为坐安全椅而出现皮疹，通常表现为大片红肿，瘙痒。宝宝会因为皮疹的困扰，变得特别焦躁，不能在安全座椅上安坐。虽然，现在还没有任何明确的证据表明孩子乘坐安全座椅后出现皮疹的原因是什么，但是医生猜测，可能是座椅表面的尼龙材料和高温等因素引起的，并将这种症状叫作安全座椅皮炎（Safety-seat Dermatitis）。一旦出现该皮炎，宝宝就更加不愿坐上安全座椅了。

！宝宝不喜欢被束缚的感觉

安全座椅的空间特别狭小，宝宝坐在里面能明显地感受到压迫感，并且五点式安全带也让宝宝在座椅里面几乎无法动弹。这些基于安全性能考虑的设计必然地牺牲了宝宝乘坐安全座椅的舒适感。安全座椅的设计让宝宝不能随心所欲地活动，甚至不能看清楚车外的环境，这样宝宝乘车时的控制感被完全剥夺了。而在人类的发展过程中，控制感是我们的毕生需求，对宝宝来说也尤其重要。从进化心理学的角度来看，如果我们能控制周围的环境，进而预测将来可能发生的各种情况，人类就有更大的可能性逃脱天敌的追击，从而存活下来。因此，这种对控制感的需求，在人类的进化中被保存至今。

因为安全座椅的束缚剥夺了宝宝的控制感，宝宝不能够起身看周围的环境，不能随意去拿到自己想要的东西，连脚都不能踏实地踩在地上。这种控制感的丧失，让宝宝非常焦虑和不安。他们迫切想从安全座

让孩子坐上安全座椅

0～12岁的孩子都可以坐儿童汽车安全座椅。

为了让孩子放松，可以给他们准备一些有趣的活动或物品。

椅上下来，想到达一个自己可以掌握周围事物的环境中。而在行驶的车中，这显然是不可能的。因此，宝宝只能通过哭闹来表示自己的不满。

！ 如何让孩子乖乖地
！ 坐上安全座椅

　　虽然，乘坐安全座椅给宝宝带来很大的困扰和不舒适感。但是，出于安全的考虑，我们还是要求宝宝乘坐安全座椅出行。作为家长，我们可以尽早让宝宝适应在车上乘坐安全座椅，习惯于坐安全座椅。我们也通过尽可能多给宝宝一些新鲜有趣的活动和玩具，让宝宝将注意力转移到这些上面。宝宝能在安全座椅上愉快地玩耍了，爸爸妈妈也不会因为宝宝哭闹而焦躁不安了。

结 语

结语

●成人舟车劳顿都感觉辛苦，更何况不怎么会表达的小宝宝，坐在一个更狭小的空间里面，感受到各种生理以及心理的不舒适。但是，为了宝宝的安全，我们家长还是需要做好功课，想尽一切办法让孩子乘坐安全座椅。

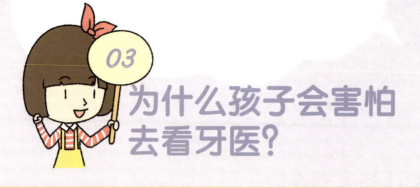

为什么孩子会害怕去看牙医?

并非孩子才害怕看牙医,我们成年人也一样。每次走进牙医诊所,闻到那股消毒水的味道,就开始浑身发抖。再坐上那张看起来舒适的躺椅,听到钻子的"吱吱"的声响,简直就想出逃,一刻都不愿意久留。可是,作为一个成年人,我们只能把这些小想法藏在自己的脑子里,装作毫不介意的样子。可是,小朋友不一样,他们不会压抑自己的害怕和紧张。他们有时甚至只要一见到医生就会大哭起来,还想努力向外逃离。在这里,我们就从心理学上分析孩子为什么会这么害怕去看牙医。

! 让孩子回忆每次见医生的"悲惨经历"

从出生开始,不管是打疫苗还是看病,每隔一段时间,孩子总免不了要和医生打一个照面。在孩子的脑海里,这样的见面总是会带来一些不好的结果,不是要承受打针的疼痛,就是要忍受吃药的痛苦。久而久之,一见到医生,孩子就能条件反射般联想到那些不愉快的经历。这种条件反射甚至在见到白大褂的那一瞬间就能爆发。

人们条件反射的建立不仅仅局限于视觉,通过听觉、嗅觉等都可以建立条件反射。比如医院消毒水的气味，牙医钻了的"吱吱"声，等等。每次孩子去医院闻到同样的气味，听到同样的声音就会想到他们的身体又免不了要遭受痛苦了，而这些联想出来的痛苦就给他们带来焦虑的情绪。多次重复以后，孩子的身体就建立了一看到医生或进了医院就焦虑的条件反射。这也是小朋友一走到医院门口，甚至都还没有看到牙医就已经开始抗拒的原因。

❗让孩子感到自己受到了侵犯

两三岁这个阶段，是孩子自我意识发展的重要阶段。这个时期的孩子对自己，以及自己的物品都有特别强的保护意识。因此，当牙医扒开孩子的嘴巴，往里面塞进去各种器材的时候，孩子会感受到自己的身体受到了侵犯。牙医若能安抚小朋友倒是好的，但如果牙医的态度不是太好，并且不太关注小朋友的感受的话，那么孩子甚至会感受到自己没有被尊重。疼痛夹杂着焦虑，对于孩子来说确实是一段不怎么愉快的回忆。

❗如何帮孩子克服看牙医的恐惧

在这种时刻，孩子最需要的就是来自父母的关心。我们可以尽早就带孩子去牙医那里做常规的检查。美国牙医的建议是：在宝宝长第一颗牙后的半年就开始做第一次牙齿检查，之后每半年检查一次。**早早开始检查牙齿，让宝宝熟悉这个过程，就会让之后的检查更加顺利。**并且，早期的检查往往是不会给孩子带去痛楚的。另外，在看牙医前给孩子做好心理建设，让孩子知道医生会怎样来检查他的牙齿，告诉孩子医生会触碰他的牙龈、牙齿和嘴巴。也要诚实地告诉孩子，这个过程可能会有一点疼痛，但是会在能够承受的范围内。千万不要欺骗孩子说，"不痛的，没事的"。因为，当孩子发现被欺骗了以后，会让下一次的检查更加困难重重。

如何帮孩子克服看牙医的恐惧

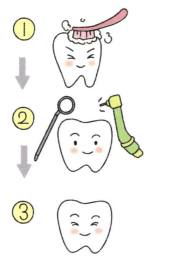

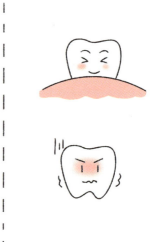

早一点带孩子去看牙医，让孩子熟悉过程。

带孩子去看牙医之前，给孩子做好心理建设。

结 语

结语

● 孩子的身体健康是我们最关心的，牙齿健康也需要我们的呵护。帮助孩子缓解看牙医的焦虑情绪，同时改善孩子的口腔健康，都是我们家长义不容辞的责任。

为什么孩子去公园玩老是叫不回来?

绿草如茵，暖暖斜阳，小朋友们嬉笑玩耍，家长们随意闲谈，这是多么美的一幅画面。然而，当黄昏降临，父母着急回家烧饭，叫孩子一同回去，孩子却总是想要多玩一会儿。而这之后的画面，就开始变得越来越不好看了。为什么孩子总是在户外玩的乐不思蜀，叫也叫不回来呢?

！孩子更喜欢在户外玩耍

对孩子来说，这个世界上没有什么比玩更有趣的事情了。但其实，孩子爱在外面玩耍也有其内在理由的。首先，在公园里，孩子可以攀上爬下舒展筋骨，有滑梯感受高速滑下的刺激感，有秋千摇晃带来的离心感，等等。这些都是在室内玩耍所感受不到的。其次，孩子在户外锻炼了身体的各个大肌肉群，在这些活动中，身体会释放一种化学物质——内啡肽（Endorphins），这种物质能与大脑中的受体相互作用，减少人们对疼痛的感知，让人体产生积极和快乐的感觉。因此，孩子能在户外运动中获取更多在室内活动所体会不到的开心。

当孩子在公园里玩耍的时候，也同样促进了他们大脑的发育。心理学研究证明，在大自然的环境下，孩子的大脑能得到更好的发展。玩耍以后再开始学习，孩子也会学得更好。而且，公园中总是不乏各个年龄段的小伙伴，孩子总能找到几个能和自己玩到一起的朋友。**孩子也同样有社交的需求，并且他们更希望是和同龄孩子社交。**这种需求是在家中，爸爸妈妈和祖父母们无法给予的。在与同龄孩子玩耍的过程中，孩子的社交能力得到提升，也会充满幸福感。此外，公园中绿树红花的大自然环境，还可以帮助他们缓解压力，减少焦虑情绪。

孩子更喜欢在户外玩耍

户外有更多的游乐器材。

孩子在户外玩耍时，大脑会释放更多的内啡肽，会感到积极快乐。

！孩子总是 更关注自己

家长认为在外面玩耍应该有节制，但孩子却并不这样想。有趣的是，孩子不但认为玩耍不需要节制，他们还认为爸爸妈妈，甚至世界上的任何人都和他们有一样的想法。著名的儿童发展心理学家皮亚杰认为，孩子的这种自我中心（Egocentrism）是他们认知发展过程中的一个特定阶段。4岁以前的孩子会认为他们是这个世界的中心，他们的想法也就是身边其他人的想法。对于这个处于以自我为中心阶段的孩子来说，从别人的角度出发看问题，是一项无法完成的任务。而这种自我中心的阶段一般会持续到孩子4岁左右，4岁以后的孩子才会开始慢慢学会怎样从别人的角度出发来看待事情。因此，和家长对着干并不是孩子的本意，而是在他们的认知中，自己就是对的。

孩子以自我为中心

> ❶ 4岁以前的孩子，认为他们是这个世界的中心，并且认为其他人也和自己的想法一样。

孩子不仅仅认为周围的人应该有和他们相同的想法，并且当周围的人表示出不了解他们的想法时，还有可能激怒他们。因此，当父母催促孩子回家的时候，孩子哭闹抵抗也是非常常见的画面。孩子当时的内心一定是懊恼和沮丧的，他们一定也想不明白，为什么自己的父母要这样做。

如何把玩耍中的孩子叫回家

因此，当户外娱乐结束的时候，我们可以做的并不是强行把孩子带回去，而是从孩子的角度出发，首先充分接受孩子的情绪，认同他们不愿意回家的想法。其次，我们可以通过预先提醒的方式，给孩子充分的时间准备和公园告别。比如，我们再玩5分钟就要回家了，现在还剩下3分钟了，再玩最后1分钟。用这种循序渐进的方式提醒孩子，可以让他们更容易接受要离开公园的事实。最后，在离开公园的时候，可以让孩子和小朋友们、玩具们告别，让孩子在心里确定，玩耍这件事已经完成。

结语

结语

● 不难看出，要想让孩子听话其实也听不难，家长要做的是了解孩子的本心。所谓知己知彼百战不殆，这一兵法用在我们亲爱的孩子身上也十分适用。只有知道孩子的心理活动，才能在尊重孩子的前提下，让孩子能够心甘情愿地跟着我们的引导去行动。

为什么孩子一去幼儿园就大哭？

随着身边朋友们的孩子陆续到了上幼儿园的年龄，每年的9月1日，朋友圈里都是这类的报道。尤其是新入园的小朋友家长，必定要记录孩子这人生中的重要时刻。可是，**重要时刻并不总是伴随着欢声笑语**，有时见证的却是嚎啕大哭。孩子出生时是这样，第一次去幼儿园也是这样。

! 每个孩子都会有分离焦虑

分离焦虑（Separation Anxiety）是每个孩子在成长过程中必经的阶段。分离焦虑是指孩子因不愿意和自己的家人分开，而产生的焦虑情绪，通常会表现为哭闹与抗拒。这种现象从孩子的心理发展来看，其实意味着孩子有了物体恒常性的概念，他们知道每个物体（也可以是人）都是不同的，并且是一直存在的。这是孩子认知能力的发展，因为在孩子有物体恒常性的概念之前，他们只知道眼前物体的存在性，当他们看不到某样东西的时候，他们就认为那样东西不存在了。**所以，当孩子出现分离焦虑时，父母不需要过度担忧和紧张，因为这是孩子成长的必然阶段。** 一般来说，分离焦虑最初出现在宝宝八个月左右的时候。

孩子的分离焦虑

Ⅰ、孩子成长初期，会出现分离焦虑。

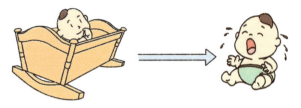

2、孩子成长到一定阶段，分离焦虑减弱。

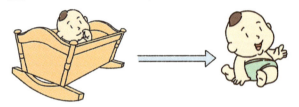

3、第一次去幼儿园，孩子又会再一次陷入分离焦虑。

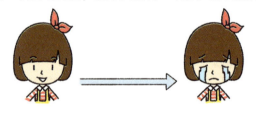

　　当孩子成长初期时会有分离焦虑，会有因为妈妈短暂离开而哭泣等症状。但随着孩子的成长，他们便不再会因为妈妈走开几分钟而焦虑，因为他们知道妈妈在短暂离开后还会回来。

　　然而当孩子第一次离开家，去一个完全新的环境中，比如幼儿园，见到了完全不认识的老师和同学，这对孩子来说是一种新的挑战，他们的分离焦虑也就瞬间卷土重来。因为在孩子的人生里，他们的爸爸妈妈能给他们带来特别的安全感，当离开父母的时候，身处一个陌生环境的孩子会觉得自己不再那么安全，他们也会相应地开始焦虑和哭闹。这就是孩子不愿意去幼儿园的心理背景。

！我们可以帮助 孩子缓解焦虑

　　分离焦虑的首个来源是离开父母。面对这种情况，我们可以做的是从宝宝出生开始就给予他足够多的爱。**心理学中的依恋理论（Attachment Theory）认为，孩子幼年时得到父母越多的爱，将来他们越能够更好的独立。**因此，在宝宝去幼儿园之前和宝宝建立深厚的依恋关系，可以让孩子能够更安心地踏进幼儿园的大门。为此，在日常生活中我们可以多和宝宝玩耍、交流，表达对他们的爱，这些都能帮助亲子

如何帮孩子缓解分离焦虑

| 和孩子建立安全型的依恋关系，能帮助孩子更好的独立。 | 预先带孩子熟悉幼儿园的新环境，有利于减弱分离焦虑。 |

依恋关系的建立。并且，如果遇到需要短暂离开孩子的时候，我们家长也要和孩子做正式的道别，告知孩子几时会回来相聚，并且准时返回。这种做法也能帮助孩子建立安全感。接受爸爸妈妈的告别后，孩子会在爸爸妈妈离开的时候安心地玩耍，因为他们知道爸爸妈妈会在说定的时间里再次出现。千万不能欺骗孩子，或者偷偷溜走，这种做法可能在初期对爸爸妈妈来说比较容易接受，但是对孩子安全感的建立是百害而无一利的。

分离焦虑的第二个来源是进入新环境。那么帮助孩子熟悉环境也可以帮助他们在入园时能够适应自如。如果有条件的话，我们可以提前带孩子熟悉幼儿园环境，认识老师和其他小朋友。如果不能亲临，也可以通过讲故事的方式，向孩子描述在幼儿园的一天会经历什么。一旦孩子对进入幼儿园有了足够的了解，适应入园生活也就变得更容易些。我们还需要注意和孩子说话的方式，==在描述幼儿园活动时，尽量使用玩耍、愉快、开心等正面性词汇，避免说教孩子要守规矩，要听老师话，不要捣乱，要好好学习。==这样我们的孩子才能没有负担，带着更愉快的心情开始他们的幼儿园生活。

结语

结语

● 其实，送孩子去幼儿园，对妈妈爸爸来说也是会有分离焦虑的。那个陪伴了自己三年的小孩，从踏上校园的那一刻起，变得越来越独立的同时，也同样会离父母越来越远。因此，我们在安慰孩子的同时，也要安慰好自己，和孩子互相慰藉，走上更独立的道路。

为什么孩子会对期盼已久的出行突然失去兴趣？

俗话说，六月天，娃娃脸，说变就变。虽然这是一句描述天气的俗语，但是也同时向我们展示了小朋友们善变的特性。刚刚还在嬉笑打闹，突然又嚎啕大哭；爱不释手的新玩具，不一会又将之厌弃；期盼了许久的旅行，瞬间又提不起兴趣。这些戏码都在有孩子的家庭中常常上演。其实，我们不必因为这些而责怪孩子，因为这一切都是由孩子的特性所决定的。

！孩子的记忆 十分有限

人类的记忆可以分为多种类型，其中工作记忆（Working Memory）是非常重要的一种。工作记忆主要负责处理我们接收到的信息，并且做出相应的决策。成人的工作记忆空间是有限的，只在有限的时间内储存当下需要的内容。**而孩子的工作记忆空间又比成人小很多，甚至有研究认为，四岁孩子的工作记忆容量只有成年人的一半甚至更少。**因此，孩子可能会对自己刚刚说过的话，或者刚刚做出的决定完全没有印象。而孩子经常会做出的捡了芝麻，丢了西瓜的蠢萌行为，也正是因为他们特别有限的工作记忆空间。

孩子的工作记忆与长时记忆

成人的工作记忆空间更大。　　　　　孩子的工作记忆空间小。

 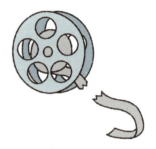

成人的长时记忆更多。　　　　　孩子的长时记忆少，容易断片。

　　孩子的长时记忆（Long-term Memory），也就是一直储存在他们大脑中的记忆，也是没有发展完全的。当我们成年人在回忆时，我们可以回想起当时发生的点点滴滴，有时候甚至是特别细小的细节，以及当时的感受，但是孩子却不同。在读幼儿园之前的孩子并不能回忆起一些以前发生事件的小细节，他们或许能回忆起大致的感受，但往往忽略了事情的来龙去脉。心理学认为，回忆细节的能力需要在三岁以后才慢慢发展起来。介于孩子十分有限的工作记忆和长时记忆，他们常常会刚刚还拿着小玩具，洗手的功夫转身就把刚才拿着的小玩具抛之脑后了。因此，孩子忘记之前自己期盼已久的旅行，可能是因为当下的某种突发情况导致了他们对旅行提不起兴趣，这并不是他们的错。

! 孩子特别
! 情绪化

　　另外，孩子认知能力也是十分有限的，他们并不能理性地思考身边发生的所有事情。同时，他们也不能完全掌控自己的情绪。当孩子身边某一个事件触发了他们的情绪时，他们会变得无法控制。而当情绪化的孩子遇到需要做出决策的情况时，那就更加是一个无解的状态。

　　让我们来举一个例子，终于到了孩子期盼已久的出行日，妈妈给孩子穿上了一件新衣服，高高兴兴准备出门时，孩子突然发现衣服上的

孩子很情绪化

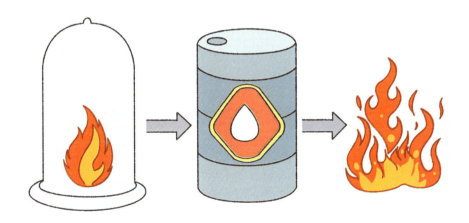

❶ 孩子并不能完全掌握自己的情绪，当情绪被触碰时，会变得特别无法控制。

商标竟然没有剪掉。孩子特别不喜欢商标给他带来的异物感，因此，就一下子爆发出了生气的情绪。由于急于出门，爸爸妈妈并没有及时地对孩子生气的情绪进行安抚，于是，孩子大哭大闹，到完全无法控制。爸爸妈妈这才发现局面有点难以控制，上前制止。可是，孩子的情绪已经很难收住，在情绪爆发的情况下，孩子更不能搞清楚事情发展的因果关系。他们会错误地把生气归因到出行上，从而得出不想出去玩的结论。

这样的情景是不是爸爸妈妈都觉得特别熟悉呢？可是对待孩子善变的特性，我们家长有时候可以做的就是锻炼出极大的耐心，慢慢引导，让孩子保持平稳的情绪，帮助孩子进行情绪管理，孩子才有可能听进去我们所说的"大道理"。

一起讨论你感兴趣的话题吧！

本章一共列举出了6个关于爸爸妈妈们带孩子出行会遇到的情况，以及相应的解决方法。关于如何做到与孩子一起愉快出行，或者有带孩子出行的其他疑虑，都可以扫描左边的二维码，进入讨论群，和其他的爸爸妈妈、育儿专家们一起讨论育儿方法。

第 4 章

帮妈妈解决对孩子性格培养的担忧

我们都希望自己的孩子成长为心理健康，性格好的人。

关于如何培养孩子的性格，本章也做出了针对各种情况的解答，以及相对应的心理学式的解决方法。接下来就让我们一起去看看吧。

婴儿抚触：
源于心灵的安抚和交流

爱抚是人类一种最基本的需求，母子之间、情侣之间、家人之间，通过抚摸、拥抱等这些肌肤之亲的方式来表达对彼此的情感和依赖。这是人类进化过程中不可或缺的一种交流方式，也是最让人有安全感的一种沟通。

！孩子
需要爱抚

宝宝在妈妈的肚子里最熟悉的就是与妈妈的亲密接触，宝宝出生以后，也希望通过妈妈的抚摸来获取相同的安全感。家人给予新生儿足够的爱抚是孩子健康成长所必须的，也是宝宝和家人的第一种交流方式。宝宝出生以后，能得到更多的爱抚会让他们有更高的存活率，并且，想要养育出更健康和更聪明的宝宝，我们可以从给宝宝做肌肤的触摸开始。能够得到妈妈更多爱抚的宝宝，在将来的各方面发展都会更出色。比如，宝宝会哭得更少，睡得更安稳，体重也会更重，宝宝将来还会有更稳定的情感生活等。**心理学研究证明，得到妈妈更多抚触的宝宝会分泌更多的催产素，这种荷尔蒙与我们的情绪、情感和社交都直接正**

相关。更多的催产素意味着有更好处理情绪的能力，同时也会有更好的社交生活。另外，有研究发现，从小得不到妈妈爱抚的孩子会有更多的行为、情绪和社交问题。这些孩子在长大以后有更高的压力荷尔蒙（Stress Hormones）——皮质醇，造成他们承受更多的压力，导致焦虑等心理问题。

对宝宝的爱抚还能帮助宝宝建立本体感受（Proprioception）——指人类对自己身体部位认识的重要环节。而本体感受的建立，直接影响宝宝自我意识的发展。因为宝宝首先会了解自己的身体，知道自己的脚

妈妈的爱抚

睡得更香

哭得更少

体重更重

在哪里，自己的脚能干什么等这些生理特征。随后，他们还会慢慢认识到心理上独立的自己和别人眼里的自己。因此本体感受是宝宝成长过程中认识自己，了解自己的基本方式。作为生活在茫茫人海中的一个小个体，能够认识自己，知道自己在社会中所处的位置是我们自我定位，并且成为一个更好的自己所需要的重要一步。

！触摸是最直接的交流

刚出生的宝宝，视力非常有限，听力也没有发展完全，他们没法和爸爸妈妈进行正常的交流。宝宝最擅长的就是用哭声来表达自己的需求，比如饿了、困了、尿了。而爸爸妈妈在满足宝宝需求的同时，还可以通过爱抚的方式来平复孩子的焦虑，让孩子感受到安全感，不再继续哭泣。甚至，零到三个月的新生儿是社交无能的，他们不能和爸爸妈妈进行各种形式的交流，比如眼神、微笑等。**因此，爱抚他们是爸爸妈妈能够表达爱的最直接、最有效的方式，也是新生儿宝宝能够感受到来自父母的爱的最有效的方式。**

随着宝宝的成长，他们可以用其他方式和自己的父母交流。他们第一次学会社交微笑，第一次会抓握妈妈递来的玩具，第一次叫爸爸妈妈，第一次听懂父母的话，第一次能表达自己的意思。无论孩子处在成长中的什么阶段，爱抚依然是孩子和父母之间一种无言却高效的交流方式。特别是当孩子在情绪爆发的时候，他们或许根本听不进去任何逻辑性的说辞和父母的教导。但是，如果我们给予一个有温度的拥抱，轻拍孩子进行安慰，孩子就能慢慢地平复情绪。因为，他们感受到了来自父母的爱，知道自己不再独自承受，也有了控制自己情绪的力量。

高效的交流方式

孩子情绪激动时，语言
说辞效果不大。

一个轻拍的爱抚，就能很快
安抚孩子的情绪。

结语

结语

● 宝宝的大脑从出生的那一刻起就开始高速发展，因此我们若想要培养出聪明、健康的孩子，也要从宝宝出生就开始努力。每天爱抚我们的孩子就是非常有效的第一步。

婴儿出于不同原因的哭声类型

新手爸妈最怕的就是小宝宝的哭闹。宝宝乖乖的时候各种可爱，一哭起来简直让爸妈慌了神，不知道应该怎么办。因此，学会应对婴儿的各种哭泣是我们在养育孩子的长远道路上需要迈出的第一步。知道宝宝哭泣的原因，对各种哭声应对自如，我们做家长也一样不能输在起跑线上。

！通过哭声知道宝宝的生理需求

其实，新生儿哭泣的原因也并不复杂，他们还不会像大宝宝那样为了达到目的而假哭。因此，只要知道他们哭的原因，我们就能对症下药，应对自如了。

新生儿哭最主要的原因无外乎饿、困、排泄和病痛。宝宝肚子饿了会哭，吃了奶没有吃饱也一样会哭。宝宝想睡觉的时候会哭，宝宝大便小便以后会因为尿布脏了哭，也有宝宝大便之前也会哭。宝宝打针，或者有生理上的各种不舒服，也会通过哭来表达。

根据心理学家马斯洛的"需求理论"，生理的需求是我们最基本的需求，是需要被第一满足的。因此，当宝宝哭的时候，我们第一考虑的是宝宝是不是有生理上的需求，排除了各种生理需求以后，我们可以再看宝宝是不是还有其他的需求。

生理需求的哭

饿了　尿了　困了　痛了

宝宝生理上有需求的时候会大哭。

！通过哭声知道宝宝的心理需求

新生儿虽然头脑比较简单，但是他们也有因为心理需求而哭的时候。比如，当他们觉得太吵，太烦的时候。因为小宝宝的大脑和成人的不同，他们有更多的神经元连接，但是他们的抑制性神经递质却比成人少很多。也就是说，宝宝会同时注意很多事情。这也让宝宝的大脑容易受到过度刺激。当宝宝周围出现太多的人，太多的声音的时候，他们会觉得无法承受太多而哭闹。

虽然，新生儿宝宝没有过多的社交需求，但他们也有被安慰的需求。当他们缺乏安全感，或者焦虑的时候，他们会想要得到拥抱，也有时候想要得到吮吸。这时候的宝宝也会通过哭来希望爸爸妈妈给予他想要的。因此，妈妈可以抱孩子，轻微地摇晃，尽可能多地陪伴孩子，这些都可以安抚孩子的焦虑情绪。另外，没有条件直接让宝宝吮吸乳房的时候，也可以通过安抚奶嘴来帮助孩子缓解焦虑情绪。

心理需求的哭

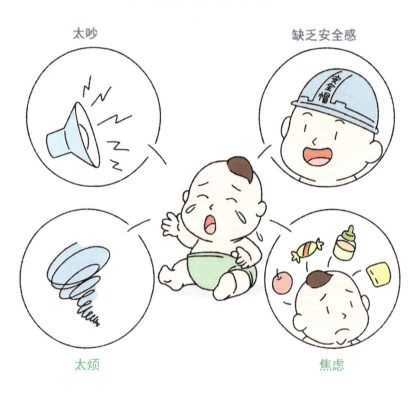

太吵　　　　　　　　　　缺乏安全感

太烦　　　　　　　　　　焦虑

宝宝心理上有需求的时候也会大哭。

没有需求
宝宝也会哭

在排除了宝宝生理需求和心理需求以后，如果宝宝还是不能停止哭泣，那可能宝宝就是单纯想哭而已。是的，小婴儿会无理由地哭泣，或者说这些理由是我们的科学家们还没有发现的。总之，如果遇到这种情况，那家长可以做的就是尽可能地给予安慰。

不管宝宝出于哪种原因哭泣，父母千万不能放任不管，让宝宝通过哭来自己安抚自己。一些传统看法认为，宝宝一哭就抱会把他们宠坏，这并不是科学的认识。宝宝大部分的大脑发展发生在他们出生后的第一年里，而大脑发展的方向取决于他们在成长过程中得到怎样的照顾。如果宝宝在哭泣时得不到足够的关注，他们就会长期处于焦虑和压力下。而长期的焦虑会损伤他们的大脑中突触（传递信息的作用）的发展。并且在这种环境下长大的孩子会更有攻击性，不愿意合作和自私。虽然小宝宝不会说话，也不能够真正地学习，但是，在他们人生的第一年里，他们能通过隐性学习的方式来感知自己身边的环境和自己家人的照顾方式。因此，家长对宝宝哭泣采取的不同的照顾方式，会培养出截然不同的孩子。

结语

结语

● 如果我们想让孩子长大以后成为更健康，在社交上更出众，在心理上更健全的人，那么就要在小时候对他们投入更多的照顾，对宝宝的哭泣给予更多的关注。

白天能安睡夜晚则哭闹不停的宝宝

新手爸妈们总会遇到这样的苦恼，白天明明睡得像天使般的小宝宝，怎么一到夜晚降临就像恶魔附体不愿安睡了呢。他们或是频繁醒来，或是哭闹不能入睡，或是不停想要吃奶。怎么小宝宝们就不能像我们成年人一样一觉睡到大天亮呢？

初生儿的第二晚综合征

出生第一天的宝宝总是特别乖巧，不吭声地呼呼大睡，正在新手爸妈庆幸自己得了一个乖巧的小天使时，第二天晚上的宝宝总是会给爸爸妈妈杀一个回马枪，小宝宝似乎突然意识到了什么，开始嚎啕大哭起来，甚至无法安慰。这种情况发生在绝大多数宝宝的身上，这就是我们说的第二晚综合征（Second Night Syndrome），虽然这并不是什么需要治疗的疾病，但总是会给还沉浸在欢乐之中的新手爸妈们一个措手不及。

出现第二晚综合征是因为刚出生的第一天，宝宝基本处于完全懵懂的状态里，他们并不知道到底发生了什么，自己身处何处。到了第二天，宝宝突然意识到自己怎么到了一个完全陌生的环境，并不在妈妈温暖的肚子里，也听不到妈妈熟悉的心跳，甚至连光线也变得特别敞亮。他对周围一切新的声音、光线、气味、触感都觉得特别陌生，完全不像他之前生活了九个月的环境。宝宝急切想回到妈妈的肚子里，但是并不能实现，极为焦虑的宝宝只能通过哭泣来倾诉。

新生儿的第二晚综合征

宝宝出生后的第一天还处于一个懵懂的状态。

宝宝出生后的第二天，意识到自己到了一个陌生的环境，开始焦虑。

！新生儿的日夜颠倒

　　度过了第二夜的宝宝在适应了周围的环境以后，或许不再那样大声哭闹，但是他们又遇到了新的问题。通常新生儿宝宝都要经过一段时间的适应，才能改变日夜颠倒的生活习惯。这个问题的根源还是要从在妈妈肚子里的生活说起。当小宝宝在妈妈肚子里的时候，妈妈白天总是在外活动，肚子里的宝宝就好像被人抱着走来走去摇晃一样，让他们特别想睡。而到了夜晚，妈妈回到家中睡觉休息，没有了舒适的摇晃的宝宝也就醒过来开始各种玩耍。习惯了如此的生活，新生儿宝宝很难在出生以后马上改变这种作息习惯。因此，他们还是像在肚子里一样，白天呼呼大睡，晚上大闹天宫。

！如何让宝宝的生活作息和我们同步

　　想要让宝宝尽快适应外面的生活，我们家长可以帮助他们学习白天和夜晚的区别。在白天，尽可能地让屋子里保持亮堂和充满声音，让宝宝知道现在是起来活动的时间。同时，也可以尽可能多地让他们进行活动和保持清醒。而到了晚上，就让房间里灯光昏暗，并保持安静，让宝宝知道现在是休息睡觉的时间。在夜晚就算宝宝醒来想要玩耍，家长也不要和他们有过多的交流，更不要开灯与他们玩耍。经过几周的调节以后，通常宝宝都会建立起新的作息时间，也会慢慢地保持和家长同步的生活规律。

　　宝宝的大脑在不断地成长和记忆每天发生的事情，因此，每天保持一样的生活作息时间可以最快地帮助宝宝建立起白天夜晚的区别。比如，每天在同一个时间起床，做同样的活动，在同一时间吃奶、洗澡，睡前爸爸妈妈唱同样的歌。这样一系列的生活规律，会给宝宝的大脑建立一套程序，习惯了这套程序以后，宝宝的生活也就自然变得规律起来。

　　当然，宝宝在妈妈的肚子里生活了长长的九个月，我们要允许宝宝有足够的时间来适应一个新的环境和建立一种新的习惯，可能是几周、几个月，也可能需要另外一个九个月的周期。

如何让宝宝同步作息

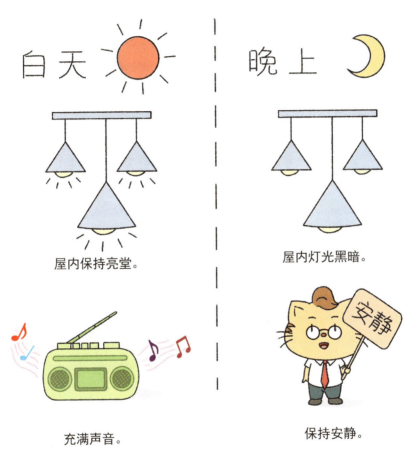

白天　　　　　　　　晚上

屋内保持亮堂。　　　屋内灯光黑暗。

充满声音。　　　　　保持安静。

结语

结语

●根据宝宝不同的个性和适应能力，每个宝宝都会有不同的适应期，只要我们家长能够坚持一种调整的方式，给孩子建立起习惯，他们都会做到和我们的生活作息同步。

孩子产生独占心理可能是得到的关爱不够？

　　我们都希望自己的宝宝是一个有亲和力，爱分享，爱帮助他人的好孩子。可是，现实并不那么理想，我们会发现宝宝在某个年龄段特别不愿意分享自己的所得，有时候我们也会发现孩子越来越自私和不愿与人亲近。其实，这一切都不是空穴来风，而是有据可寻。

❗ 小时候得不到足够关爱的孩子长大后更自私

　　人类是哺乳动物的一种，而哺乳动物的天性就是在母亲的喂养下成长。我们的宝宝天生就有需要母亲喂养，爱抚的需求。享受母亲的亲密照顾直到可以独立活动是我们人类的天性。因此，小宝宝根本不会愿意被父母丢在一边不管不顾，如果得不到父母足够的关爱，小宝宝看待世界的方式也会相应地改变，朝着不友善的方向发展。

　　有一些观点认为，过多的亲近和照顾会把孩子宠坏，我们也会经常听到老人们说，不能抱孩子，抱习惯了以后就要一直抱着了。不论是我们想要更轻松地照顾孩子，还是为了教会宝宝独立，都需要采取一些比较冷漠的方式与孩子相处。比如：睡眠训练，也就是让宝宝独自待在房间里，学会自己睡觉。而宝宝学会自己睡觉的过程往往是长时间的哭泣，在哭泣中无奈地睡着。睡眠训练可以达到让小宝宝学会自己睡觉的目的，但对于孩子的心理却可能产生事与愿违的结果，类似这种做法并不一定能得到我们追求的让孩子独立的结果。**当宝宝因为害怕、孤独、焦虑而哭闹时，如果得不到父母的安慰，他们不但不会独立自主起来，反而会变得更加没有安全感，更渴望得到关爱。**而这种不安全感也会深深留在他们的隐性知识（Tacit Knowledge）里，影响他们的一生。

得不到父母关爱的孩子

没安全感　　　　只爱自己　　　　不愿帮助他人

　　相互关爱是人类作为社会人的自然属性，从进化上来说，群居的人类需要如此才能生存下来。我们的宝宝从出生那天开始就在学习怎样生存，如果得不到来自父母的关爱，宝宝只能通过把自己孤立起来，更爱自己，更保护自己以谋求更好的生存。那么得不到关爱的宝宝也就自然而然地长成了更为自己着想，甚至是更自私的人。心理学研究还发现，当人们处在焦虑中时，会更不愿意帮助他人。因为焦虑心理削弱了我们的共情和同情心。长期得不到关爱，处于压力中的宝宝也会因为焦虑情绪慢慢成长为一个不愿意接近社会和他人，沉浸在自己小世界里的人。

自我是孩子发展的过程之一

　　知道自己是自己，听起来有一点可笑和拗口。可也确实是一个需要认识的过程。人类并不是生来就知道自己到底是谁。认识自己，了解自己对于我们来说反而是一条漫长的道路。

　　心理学著名的镜子测试（Mirror Test）帮助我们佐证了宝宝发展自我意识的过程。在镜子测试中，心理学家给宝宝的鼻子上贴上一个红点，随后让宝宝看镜子中的自己。如果是没有自我意识的宝宝，他们并不知道镜子中的就是自己，于是便伸出手去触摸镜子中的红点。而有自我意识的宝宝，已经知道镜子中出现的就是自己，他们会伸手摸自己鼻子上的红点。实验发现，宝宝通常在15到24个月开始发展自我意识。随着自我意识的发展，宝宝也渐渐开始对自己的物品所有权有所感知。这个时期的宝宝开始对自己的玩具和物品非常执着，也并不愿意和他人分享自己的东西。

镜子测试

有自我意识的宝宝，
会触摸自己的鼻子。

没有自我意识的宝宝。
会触摸镜子中的自己。

结 语

结语

●具体问题具体分析，在孩子成长中的某个阶段，我们要允许孩子在那个特定的年龄出现一些比较自私的行为，而不要强求孩子在自我意识发展的时期一定要分享自己的所有。但是，如果孩子长时间表现出自私的行为，我们就应该检讨是不是自己对孩子的关爱不够。或者说，我们应该给孩子更多的爱，以免孩子因为缺少关爱而成为自私的人。

05 孩子反复扔东西是在体验学到的新本领

相信多数爸爸妈妈都有宝宝不断往地上丢勺子，而我们不断捡的经历。也一定还有过宝宝在家翻箱倒柜地把各种东西丢的到处都是的经历。孩子貌似是屡教不改地格外热衷于丢东西这件事情，其实，这又是宝宝发展的一个阶段，但这种现象会随着他们年龄的增长自然而然地被纠正过来。

！探索世界 学习因果关系

宝宝最初发现丢东西这个新技能可能是在椅子上，在他们八九个月大的时候，刚刚学会坐在椅子上，尝试自己用手抓东西的时候，偶然发现，原来勺子掉到地上是一件如此有趣的事情，于是他们便开始执着于这项新的活动。虽然丢勺子这个小举动，让爸爸妈妈觉得甚是心烦，但其实宝宝学到了不少的知识。首先，宝宝会发现把勺子丢下去，它并不是消失了，而是换了空间位置，他们会努力寻找勺子丢在哪里，找出丢勺子的位置和落地点的关系。**这是宝宝开始掌握物体恒常性的过程，也就是他们在体会当把一个物体丢出去，它们不会消失，而是出现在另外一个地方。**其次，宝宝发现每一次把勺子丢到地上，爸爸妈妈都会把

100

21天

亲子情绪打卡

走进孩子的内心世界

懂孩子，才能陪孩子健康快乐地成长

中国父母大概是世界上为孩子付出最多的，毫无保留地给予孩子全部的爱和关怀，不求回报，在对待孩子的问题上，也习惯从自己的角度出发，在不知不觉间忽视了孩子的内心感受，更谈不上了解他们的内心世界。于是，在教育孩子的过程中，父母时常会感到无奈和委屈，一切为了孩子，到头来孩子非但不领情，甚至还跟父母对着干；孩子也委屈，自己的需求和情感始终被忽视，总是被强迫按照父母的意愿形式，如同父母手中的提线木偶。

殊不知，在对待孩子这件事上，很多父母的认知底层逻辑错了，如果真是为了孩子好，不是想方设法让他们按照自己的规划成长，而是首先就要了解他们的内心世界、性格特点、行为特点等等，再根据这些特点因材施教，采取科学的方法措施对他们进行培养和教育。

01 了解孩子的内心世界

孩子的内心世界充满了神秘和未知，需要父母耐心地去探索。了解孩子的心理、情绪、性格和行为是教育和培养孩子的前提，更是建立良好家庭教育的基础。

了解孩子的心理需求

孩子的心理需求是家庭教育的重点之一，父母应该关注孩子的情感需求、安全感需求、尊重需求、自我实现需求等方面。父母要建立温馨和谐的家庭氛围，增强孩子的自信心和归属感，培养他们的自我意识和自我价值感。

了解孩子的情绪表达

孩子的情绪表达是了解其内心世界的关键。父母应该注重孩子的情绪沟通，倾听孩子的感受，关注孩子的情绪变化，提供情感支持和安慰。当孩子表现出消极情绪时，家长要关注孩子的情绪原因，给予积极的建议和引导，帮助孩子有效地处理情绪。

了解孩子的性格特点

孩子的性格是其内心世界的一部分，了解孩子的性格特点是父母更好地教育和培养孩子的基础。父母应该关注孩子的性格特点，认识孩子的优点和缺点，不断帮助孩子发挥优点，克服缺点。

了解孩子的行为表现

孩子的行为表现是其内心世界的一种表现方式，父母应该关注孩子的行为表现，了解孩子的兴趣爱好、特长和劣势，鼓励孩子发展优势，克服劣势，帮助他们发展全面的能力。

02通过实际操作了解孩子

仅仅懂得了方式和方法远远不够，父母还需要实际操作才能逐渐了解孩子的内心世界。在日常生活中，可以尝试从以下几点来入手。

多和孩子交流

交流是了解孩子内心世界的一个重要途径。父母可以在日常生活中，通过聊天、玩游戏、共同做事等方式与孩子交流，了解他们的想法和感受。

观察孩子的行为和情绪

孩子的行为和情绪也是了解他们内心世界的重要途径。父母可以通过观察孩子的行为和情绪，了解他们的需求和情感。

了解孩子的成长阶段

孩子的成长阶段也是了解他们内心世界的一个重要因素。父母可以通过了解孩子的年龄特点、生理和心理发展阶段，更好地了解他们的需求和行为特点。

尊重孩子的个性差异

每个孩子都是独特的，父母需要尊重孩子的个性差异，不要把他们按照自己的期望来塑造。父母可以通过了解孩子的性格特点，更好地教育和培养孩子。

学习心理学知识

父母可以通过学习心理学知识，更好地了解孩子的内心世界。了解儿童心理学、行为心理学、情感心理学等知识，可以帮助父母更好地理解孩子的需求和行为。

给予孩子充分的关注和支持

孩子需要父母的关注和支持，这对于他们的成长和发展至关重要。父母可以通过参与孩子的生活和学习，给予他们充分的关注和支持。

03 更好地教育和培养孩子

了解了孩子的内心世界，父母便可以根据孩子的心理特点、性格特点、行为特点等来对他们进行更好的教育和培养。可以从以下几个方面来入手：

尊重孩子的想法

父母在倾听孩子的声音，关注孩子的想法和感受之后，要及时给予积极的反馈和建议。在教育孩子时，应该尊重孩子的意见，与他们进行交流和沟通，共同制定学习和成长计划。

关注孩子的个性发展

了解孩子的个性是为了有针对性地对他们进行培养，父母需要多关注孩子的个性发展，充分发掘和培养孩子的优势，同时帮助孩子克服劣势。父母应该提供多元化的学习和发展环境，鼓励孩子尝试新事物，发展自我。

建立积极的家庭氛围

家庭氛围对孩子的成长发展具有重要影响，父母应该营造积极的家庭氛围，注重家庭成员之间的情感交流和互动。家长应该以身作则，树立正确的价值观和行为模范，为孩子树立正确的榜样。

注重教育方法和技巧

　　教育方法和技巧对于孩子的成长发展具有重要影响，父母应该注重教育方法和技巧的学习和运用。在教育孩子时，应该注重情境教育、启发式教育和体验式教育等方法，注重培养孩子的创造性思维和解决问题的能力。

　　了解孩子的内心世界是父母教育和培养孩子的基础。通过理论和实用方法的介绍，我们可以看到，了解孩子的内心世界是需要持续的努力和关注的。父母需要多与孩子交流、观察他们的行为和情绪、了解他们的成长阶段、尊重孩子的个性差异、学习心理学知识、给予孩子充分的关注和支持。只有这样，父母才能更好地了解孩子的内心世界，更好地教育和培养孩子。

DAY 1

今日目标:

_____

_____

☺ 孩子感受

失望	伤心	恐惧	焦虑	害羞	孤独	害怕	安全	挑食	厌食	开心	自信
□	□	□	□	□	□	□	□	□	□	□	□

☺ 父母感受

失望	伤心	自责	焦虑	生气	后悔	无奈	期待	自豪	开心	自信
□	□	□	□	□	□	□	□	□	□	□

☺ 产生这种情况是因为:

_____

_____

☺ 尝试这样改进:

_____

_____

☺ 明日目标:

_____

_____

DAY 2

昨日目标完成情况:

全部完成　完成率50%以上　完成率低于50%　完成0%
　　☐　　　　　☐　　　　　　☐　　　　　　☐

未完成原因:

_____

_____

☺ 孩子感受

失望　伤心　恐惧　焦虑　害羞　孤独　害怕　安全　挑食　厌食　开心　自信
☐　　☐　　☐　　☐　　☐　　☐　　☐　　☐　　☐　　☐　　☐　　☐

☺ 父母感受

失望　伤心　自责　焦虑　生气　后悔　无奈　期待　自豪　开心　自信
☐　　☐　　☐　　☐　　☐　　☐　　☐　　☐　　☐　　☐　　☐

☺ 产生这种情况是因为:

_____

_____

☺ 尝试这样改进:

_____

_____

☺ 明日目标:

_____

_____

DAY 3

昨日目标完成情况：

全部完成　完成率50%以上　完成率低于50%　完成0%

☐　　　　☐　　　　　☐　　　　　☐

未完成原因：

_____

_____

☺ 孩子感受

失望	伤心	恐惧	焦虑	害羞	孤独	害怕	安全	挑食	厌食	开心	自信
☐	☐	☐	☐	☐	☐	☐	☐	☐	☐	☐	☐

☺ 父母感受

失望	伤心	自责	焦虑	生气	后悔	无奈	期待	自豪	开心	自信
☐	☐	☐	☐	☐	☐	☐	☐	☐	☐	☐

☺ 产生这种情况是因为：

_____

_____

☺ 尝试这样改进：

_____

_____

☺ 明日目标：

_____

_____

DAY4

昨日目标完成情况:

全部完成　　完成率50%以上　　完成率低于50%　　完成0%
　□　　　　　　□　　　　　　　□　　　　　　　□

未完成原因:

_____

_____

☺ 孩子感受

失望　伤心　恐惧　焦虑　害羞　孤独　害怕　安全　挑食　厌食　开心　自信
□　　□　　□　　□　　□　　□　　□　　□　　□　　□　　□　　□

☺ 父母感受

失望　伤心　自责　焦虑　生气　后悔　无奈　期待　自豪　开心　自信
□　　□　　□　　□　　□　　□　　□　　□　　□　　□　　□

☺ 产生这种情况是因为:

_____

_____

☺ 尝试这样改进:

_____

_____

☺ 明日目标:

_____

_____

DAY 5

昨日目标完成情况：

全部完成　　完成率50%以上　　完成率低于50%　　完成0%
　　☐　　　　　　☐　　　　　　　☐　　　　　　☐

未完成原因：

_____

_____

☺ 孩子感受

失望　伤心　恐惧　焦虑　害羞　孤独　害怕　安全　挑食　厌食　开心　自信
☐　　☐　　☐　　☐　　☐　　☐　　☐　　☐　　☐　　☐　　☐　　☐

☺ 父母感受

失望　伤心　自责　焦虑　生气　后悔　无奈　期待　自豪　开心　自信
☐　　☐　　☐　　☐　　☐　　☐　　☐　　☐　　☐　　☐　　☐

☺ 产生这种情况是因为：

_____

_____

☺ 尝试这样改进：

_____

_____

☺ 明日目标：

_____

_____

DAY 6

昨日目标完成情况:

全部完成　完成率50%以上　完成率低于50%　完成0%
　　□　　　　　□　　　　　　□　　　　　□

未完成原因:

_____

_____

☺ 孩子感受

失望　伤心　恐惧　焦虑　害羞　孤独　害怕　安全　挑食　厌食　开心　自信
　□　　□　　□　　□　　□　　□　　□　　□　　□　　□　　□　　□

☺ 父母感受

失望　伤心　自责　焦虑　生气　后悔　无奈　期待　自豪　开心　自信
　□　　□　　□　　□　　□　　□　　□　　□　　□　　□　　□

☺ 产生这种情况是因为:

_____

_____

☺ 尝试这样改进:

_____

_____

☺ 明日目标:

_____

_____

DAY 7

昨日目标完成情况:

全部完成　完成率50%以上　完成率低于50%　完成0%
　☐　　　　　☐　　　　　☐　　　　　☐

未完成原因:

_____

_____

☺ 孩子感受

失望　伤心　恐惧　焦虑　害羞　孤独　害怕　安全　挑食　厌食　开心　自信
☐　　☐　　☐　　☐　　☐　　☐　　☐　　☐　　☐　　☐　　☐　　☐

☺ 父母感受

失望　伤心　自责　焦虑　生气　后悔　无奈　期待　自豪　开心　自信
☐　　☐　　☐　　☐　　☐　　☐　　☐　　☐　　☐　　☐　　☐

☺ 产生这种情况是因为:

_____

_____

☺ 尝试这样改进:

_____

_____

_____

☺ 明日目标:

_____

_____

DAY 8

昨日目标完成情况：

全部完成　完成率50%以上　完成率低于50%　完成0%
　　☐　　　　　　☐　　　　　　　☐　　　　　　☐

未完成原因：

_____

_____

☺ **孩子感受**

失望　伤心　恐惧　焦虑　害羞　孤独　害怕　安全　挑食　厌食　开心　自信
☐　　☐　　☐　　☐　　☐　　☐　　☐　　☐　　☐　　☐　　☐　　☐

☺ **父母感受**

失望　伤心　自责　焦虑　生气　后悔　无奈　期待　自豪　开心　自信
☐　　☐　　☐　　☐　　☐　　☐　　☐　　☐　　☐　　☐　　☐

☺ **产生这种情况是因为：**

_____

_____

☺ **尝试这样改进：**

_____

_____

☺ **明日目标：**

_____

_____

DAY 9

昨日目标完成情况：

全部完成　　完成率50%以上　　完成率低于50%　　完成0%
　□　　　　　　□　　　　　　　　□　　　　　　　□

未完成原因：

_____

_____

☺ 孩子感受

失望　伤心　恐惧　焦虑　害羞　孤独　害怕　安全　挑食　厌食　开心　自信
□　　□　　□　　□　　□　　□　　□　　□　　□　　□　　□　　□

☺ 父母感受

失望　伤心　自责　焦虑　生气　后悔　无奈　期待　自豪　开心　自信
□　　□　　□　　□　　□　　□　　□　　□　　□　　□　　□

☺ 产生这种情况是因为：

_____

_____

☺ 尝试这样改进：

_____

_____

☺ 明日目标：

_____

_____

DAY 10

昨日目标完成情况：

全部完成　　完成率50%以上　　完成率低于50%　　完成0%
　　☐　　　　　　☐　　　　　　　　☐　　　　　　　☐

未完成原因：

_____

_____

☺ 孩子感受

失望	伤心	恐惧	焦虑	害羞	孤独	害怕	安全	挑食	厌食	开心	自信
☐	☐	☐	☐	☐	☐	☐	☐	☐	☐	☐	☐

☺ 父母感受

失望	伤心	自责	焦虑	生气	后悔	无奈	期待	自豪	开心	自信
☐	☐	☐	☐	☐	☐	☐	☐	☐	☐	☐

☺ 产生这种情况是因为：

_____

_____

☺ 尝试这样改进：

_____

_____

☺ 明日目标：

_____

_____

DAY 11

昨日目标完成情况：

全部完成　　完成率50%以上　　完成率低于50%　　完成0%
☐　　　　　　☐　　　　　　　☐　　　　　　　☐

未完成原因：

_____

_____

☺ **孩子感受**

失望　伤心　恐惧　焦虑　害羞　孤独　害怕　安全　挑食　厌食　开心　自信
☐　　☐　　☐　　☐　　☐　　☐　　☐　　☐　　☐　　☐　　☐　　☐

☺ **父母感受**

失望　伤心　自责　焦虑　生气　后悔　无奈　期待　自豪　开心　自信
☐　　☐　　☐　　☐　　☐　　☐　　☐　　☐　　☐　　☐　　☐

☺ **产生这种情况是因为：**

_____

_____

☺ **尝试这样改进：**

_____

_____

☺ **明日目标：**

_____

_____

DAY 12

昨日目标完成情况：

全部完成　　完成率50%以上　　完成率低于50%　　完成0%
　□　　　　　　□　　　　　　　□　　　　　　　□

未完成原因：

_____

_____

☺ 孩子感受

失望　伤心　恐惧　焦虑　害羞　孤独　害怕　安全　挑食　厌食　开心　自信
□　　□　　□　　□　　□　　□　　□　　□　　□　　□　　□　　□

☺ 父母感受

失望　伤心　自责　焦虑　生气　后悔　无奈　期待　自豪　开心　自信
□　　□　　□　　□　　□　　□　　□　　□　　□　　□　　□

☺ 产生这种情况是因为：

_____

_____

☺ 尝试这样改进：

_____

_____

☺ 明日目标：

_____

_____

DAY *13*

昨日目标完成情况：

全部完成　　完成率50%以上　　完成率低于50%　　完成0%
　□　　　　　　□　　　　　　　□　　　　　　□

未完成原因：

_____

_____

☺ **孩子感受**

失望　伤心　恐惧　焦虑　害羞　孤独　害怕　安全　挑食　厌食　开心　自信
□　　□　　□　　□　　□　　□　　□　　□　　□　　□　　□　　□

☺ **父母感受**

失望　伤心　自责　焦虑　生气　后悔　无奈　期待　自豪　开心　自信
□　　□　　□　　□　　□　　□　　□　　□　　□　　□　　□

☺ **产生这种情况是因为：**

_____

_____

☺ **尝试这样改进：**

_____

_____

☺ **明日目标：**

_____

_____

DAY 14

昨日目标完成情况：

全部完成　　完成率50%以上　　完成率低于50%　　完成0%
　□　　　　　□　　　　　　□　　　　　　□

未完成原因：

_____

_____

☺ 孩子感受

失望	伤心	恐惧	焦虑	害羞	孤独	害怕	安全	挑食	厌食	开心	自信
□	□	□	□	□	□	□	□	□	□	□	□

☺ 父母感受

失望	伤心	自责	焦虑	生气	后悔	无奈	期待	自豪	开心	自信
□	□	□	□	□	□	□	□	□	□	□

☺ 产生这种情况是因为：

_____

_____

☺ 尝试这样改进：

_____

_____

☺ 明日目标：

_____

_____

DAY 15

昨日目标完成情况：

全部完成　完成率50%以上　完成率低于50%　完成0%
　　☐　　　　　☐　　　　　　☐　　　　　☐

未完成原因：

_____

_____

☺ 孩子感受

失望　伤心　恐惧　焦虑　害羞　孤独　害怕　安全　挑食　厌食　开心　自信
☐　　☐　　☐　　☐　　☐　　☐　　☐　　☐　　☐　　☐　　☐　　☐

☺ 父母感受

失望　伤心　自责　焦虑　生气　后悔　无奈　期待　自豪　开心　自信
☐　　☐　　☐　　☐　　☐　　☐　　☐　　☐　　☐　　☐　　☐

☺ 产生这种情况是因为：

_____

_____

☺ 尝试这样改进：

_____

_____

☺ 明日目标：

_____

_____

DAY 16

昨日目标完成情况:

全部完成　　完成率50%以上　　完成率低于50%　　完成0%
　□　　　　　□　　　　　　□　　　　　　□

未完成原因:

_____

_____

☺ 孩子感受

失望　伤心　恐惧　焦虑　害羞　孤独　害怕　安全　挑食　厌食　开心　自信
□　　□　　□　　□　　□　　□　　□　　□　　□　　□　　□　　□

☺ 父母感受

失望　伤心　自责　焦虑　生气　后悔　无奈　期待　自豪　开心　自信
□　　□　　□　　□　　□　　□　　□　　□　　□　　□　　□

☺ 产生这种情况是因为:

_____

_____

☺ 尝试这样改进:

_____

_____

☺ 明日目标:

_____

_____

DAY *17*

昨日目标完成情况：

全部完成　完成率50%以上　完成率低于50%　完成0%
　　□　　　　　□　　　　　　　□　　　　　　□

未完成原因：

_____

_____

☺ 孩子感受

失望　伤心　恐惧　焦虑　害羞　孤独　害怕　安全　挑食　厌食　开心　自信
□　　□　　□　　□　　□　　□　　□　　□　　□　　□　　□　　□

☺ 父母感受

失望　伤心　自责　焦虑　生气　后悔　无奈　期待　自豪　开心　自信
□　　□　　□　　□　　□　　□　　□　　□　　□　　□　　□

☺ 产生这种情况是因为：

_____

_____

☺ 尝试这样改进：

_____

_____

☺ 明日目标：

_____

_____

DAY *18*

昨日目标完成情况：

全部完成　　完成率50%以上　　完成率低于50%　　完成0%
　□　　　　　　□　　　　　　　　□　　　　　　　□

未完成原因：

_____

_____

☺ 孩子感受

失望　伤心　恐惧　焦虑　害羞　孤独　害怕　安全　挑食　厌食　开心　自信
□　　□　　□　　□　　□　　□　　□　　□　　□　　□　　□　　□

☺ 父母感受

失望　伤心　自责　焦虑　生气　后悔　无奈　期待　自豪　开心　自信
□　　□　　□　　□　　□　　□　　□　　□　　□　　□　　□

☺ 产生这种情况是因为：

_____

_____

☺ 尝试这样改进：

_____

_____

☺ 明日目标：

_____

_____

DAY *19*

昨日目标完成情况：

全部完成　完成率50%以上　完成率低于50%　完成0%
　☐　　　　☐　　　　　☐　　　　　☐

未完成原因：

_____
_____

☺ 孩子感受

失望　伤心　恐惧　焦虑　害羞　孤独　害怕　安全　挑食　厌食　开心　自信
☐　　☐　　☐　　☐　　☐　　☐　　☐　　☐　　☐　　☐　　☐　　☐

☺ 父母感受

失望　伤心　自责　焦虑　生气　后悔　无奈　期待　自豪　开心　自信
☐　　☐　　☐　　☐　　☐　　☐　　☐　　☐　　☐　　☐　　☐

☺ 产生这种情况是因为：

_____
_____

☺ 尝试这样改进：

_____
_____

☺ 明日目标：

_____
_____

DAY 20

昨日目标完成情况：

全部完成　完成率50%以上　完成率低于50%　完成0%
　□　　　　　□　　　　　　□　　　　　　□

未完成原因：

_____

_____

☺ 孩子感受

失望　伤心　恐惧　焦虑　害羞　孤独　害怕　安全　挑食　厌食　开心　自信
□　　□　　□　　□　　□　　□　　□　　□　　□　　□　　□　　□

☺ 父母感受

失望　伤心　自责　焦虑　生气　后悔　无奈　期待　自豪　开心　自信
□　　□　　□　　□　　□　　□　　□　　□　　□　　□　　□

☺ 产生这种情况是因为：

_____

_____

☺ 尝试这样改进：

_____

_____

☺ 明日目标：

_____

_____

DAY 21

昨日目标完成情况：

全部完成　　完成率50%以上　　完成率低于50%　　完成0%
　□　　　　　　□　　　　　　　　□　　　　　　　□

未完成原因：

_____

_____

☺ 孩子感受

失望　伤心　恐惧　焦虑　害羞　孤独　害怕　安全　挑食　厌食　开心　自信
□　　□　　□　　□　　□　　□　　□　　□　　□　　□　　□　　□

☺ 父母感受

失望　伤心　自责　焦虑　生气　后悔　无奈　期待　自豪　开心　自信
□　　□　　□　　□　　□　　□　　□　　□　　□　　□　　□

☺ 产生这种情况是因为：

_____

_____

☺ 尝试这样改进：

_____

_____

☺ 明日目标：

_____

_____

它捡起来，宝宝又学到了因果关系的奥秘。原来自己的一个丢勺子的行为可以引发爸爸妈妈的另外一个动作。可是，为什么宝宝要周而复始地重复这个动作呢？这也是我们学习的一种方式，通过反复的练习加强记忆，从而掌握某种技能。宝宝的学习过程往往是不断尝试，并在脑海中印刻结果，因此，他们总是那么乐此不疲。我们成年人在学习某项技能的时候，不也是这么做的么？

在宝宝一岁左右的一段时期内，他们又会发掘出乱丢东西探索世界的新技能。这个年龄的宝宝能够自由活动，会爬或者会走。他们可以随心所欲地去翻自己想要探索的抽屉或者柜子，破坏能力明显升级了。其

物体恒常性

掌握了物体恒常性的宝宝。　　　　没有掌握物体恒常性的宝宝。

实，宝宝这么做是在继续深入地对因果关系进行学习。他们发掘到柜子里有各种各样的物品，它们形态各异，材质不同，有软的，有硬的，有易碎的，有发出响声的。

当宝宝把这些东西丢到地上时，会发现有的东西可以滚出很远，有的东西轻飘飘地怎么也丢不远，有的东西丢到地上会发出清脆的响声，而有的东西无声无息地就掉了下去。通过这种看似捣乱的学习方式，宝宝可以快速地建立对身边各类事物的认识并建立更好的逻辑关系。

！孩子扔东西行为
的正确打开方式

丢东西并不是孩子在故意捣乱，我们家长也并不需要刻意去制止和干涉。可是，把家里翻得乱七八糟一定不是我们想要看到的景象。**虽然无法制止宝宝丢东西这种发展的需要，但是我们家长可以把孩子丢东西的方式控制在可以接受的范围内。**比如，我们可以把一切贵重物品，或者不能让宝宝随意乱翻的抽屉和柜子上锁，留出一两个抽屉，放入一些不需要的用品和宝宝的玩具。这样既满足了孩子乱翻东西的需求，也保证了爸爸妈妈物品的完整和孩子的安全。再比如，当孩子丢了一些不能丢的东西时，我们可以教导孩子，这是不能丢的东西，这也是帮助孩子建立社会规则的过程。同时，也一定要告诉孩子哪些是可以丢的。如果只是制止孩子不能丢东西，而不给孩子明确地指明可以丢哪些，他们就会感到迷惑。那么下一次，他们或许还是会拿起不该丢的东西乱丢。

孩子扔东西的正确打开方式

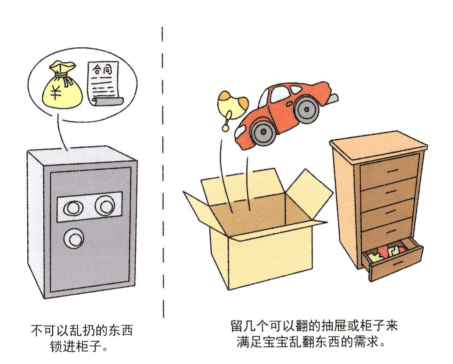

不可以乱扔的东西
锁进柜子。

留几个可以翻的抽屉或柜子来
满足宝宝乱翻东西的需求。

结语

结语

● 就如同教育孩子一样，告诉他们玻璃杯不能随便丢在地上，但是球是可以丢的。我们家长有的时候也要自己选一个既不破坏孩子天性，又不影响我们正常生活的可解决的方案。

为什么孩子总是和父母唱反调？

孩子总是会过了那个顺从我们任何指令行动的年纪，而且这可能会发生得很快。当叛逆的两岁（Terrible Two）到来的时候，从孩子嘴里听到最多的可能就是"不"和"不要"。甚至，这种情况也可能发生在两岁之前，比如宝宝对我们说的话置之不理。虽然，小时候我们自己也是那个叛逆的小孩。但是当面对宝宝的叛逆时，心里总是那么不是滋味。然而，当我们了解了孩子的心理发展过程以后就会知道，有的时候孩子并没有在故意和我们唱反调。

❗孩子也有叛逆心理

如果说，孩子并没有真的要故意和我们唱反调，那怎么解释两三岁的孩子每天都把"不"和"不要"挂在嘴边呢？

首先，孩子学会使用"不"和"不要"往往来自于我们家长。回想一下我们每天要对孩子说多少个不要、不能，让孩子觉得自己完全不能够控制自己的生活，特别是对于自我意识萌芽的孩子来说，他们强烈想成为一个独立的小个体。通过对爸爸妈妈说"不"，不但练习了这个否定的逻辑关系，还让他们从中获取了自信心，让孩子觉得自己是一个自主的小人儿。

孩子只是
比较自我

　　孩子在成长的过程中会经历自我中心（Egocentrism）阶段，儿童心理学家皮亚杰（Jean Piaget）认为通常在七岁之前，而现在也有研究认为是在四岁之前。在这段时期，孩子更加关注的是他们自己。因为孩子自我意识的萌芽，同时他们认知能力发展得也不完全，自我中心时期的孩子总是从自身出发考虑问题，而且他们认为周围的人都有和他们一样的想法。自我中心的孩子还没有从他人角度考虑问题的能力，因此，让那个时期的他们为别人着想是不可能实现的要求。心理学研究发现，这

对周围事物不关心的孩子

种自我中心通常会在孩子四岁以后得到改善。

我们时常会听到两三岁的小孩之间的有趣对话，他们总是各说各的故事，并没有真正地交流和互动，这也正因为他们处在自我中心的阶段。他们认为对方一定在听自己说话，他们的思绪围绕着自己。当我们尝试让孩子停止手上的活动，来加入我们时，通常会被拒绝，甚至是连回应都得不到。我们认为孩子是无理的，是在故意和我们对着干。但其实，孩子只是比较专注于自我而已。

！孩子在试探 我们的底线

当然，随着孩子年龄的增长，他们会学得更多，学习的能力也变得更强。试探我们的底线也是他们自然学习的一部分，他们是在学习什么是底线的真正定义。正是因为学习的天性，他们会首先提出要求，随后等待要求的结果。如果得到积极的反馈，那么他们就会更进一步，如果得到负面的反馈，那么他们就会选择换一条路走。这也正是我们人类的学习方式。

当孩子在小公园里玩得热火朝天的时候，我们叫孩子回家。这时候，他们就会开始试探我们的底线。他们会说，我再玩一小会儿吧。之后，他们又说，我还想再坐一次滑梯。随后，他们还会说，我还想再坐一次秋千，没完没了。因为孩子在没有触碰到底线之前，他们很难停止。我们会觉得怎么叫孩子回家那么难？其实，问题的症结从一开始就不在叫孩子回家上面，而在于我们怎样建立自己的底线。

　　而关于家长应该怎样建立底线，很容易做，却也很难做。容易做在于建立底线的唯一关键就是坚持，而难做也是难在坚持上。只要我们家长能够坚持每次说出"最后一次"这几个字的时候，无论孩子怎样哭闹，都能真正做到这是最后一次。那么孩子就会对最后一次有了深刻的认识，便不会再做过多的纠缠。

家长要有自己的底线

坚守底线的家长。　　　　　　没有坚守住底线的家长。

结语

结语

● 具体问题具体分析，想要摸透孩子的心思，我们不但要学习书本，更重要的是静下心来感受孩子的内心，用自己的方式理解、关爱孩子，陪他们一起健康成长。

07 给孩子分配家务谨防 "王子公主病"

做家务是每个孩子必须学习的生活技能。做饭，洗衣，打扫，这些也都是孩子将来的每日生活所需技能。我们家长在教养孩子的过程中，其实并不应该强求培养出什么伟人、才子、能人。更重要的是需要指导孩子们学会怎么生活和怎么学习。为此，我们可以从最简单的教会孩子做家务开始。

！孩子天性喜欢 做家务

其实，孩子天生是喜欢做家务的。对于好奇心十足的小朋友来说，当他们在家中看到爸爸妈妈扫地，做饭的时候，他们都有非常强烈的想要尝试自己来做的愿望。因为，对于我们来说单调的家务，在孩子的眼里却是另一种愉快的活动。**并且，能够帮助爸爸妈妈做家务，孩子会对自己是家中一分子的身份更加认同，孩子更有归属感的同时，也有更高的幸福感。**因为，在自己的团体中得到认同，是人类作为社会动物的基本需求之一。

一岁左右的小孩就开始对家务充满了兴趣，也非常乐意去尝试帮助

108

大人擦桌子或者拖地。这是他们想要学习像大人一样生活的节奏。心理学研究表明，当孩子对家庭作出有意义的贡献时，他们会感到很高兴。发现孩子有想要尝试做家务的苗头，我们就应该积极鼓励。当孩子把桌子擦干净的时候，如果他们从家人那里获得了奖励和称赞，就能让他们充满愉悦感。同时，伴随着完成任务的成就感，孩子会更愿意尝试下一次的家务劳动。

孩子做家务的益处

孩子能从做家务中，收获很多好的品质。

！孩子做家务的
！益处

有的家长或许会觉得做家务是耗时费力却得不到即时好处的事情，孩子更应该把宝贵的时间放在学习知识，参加兴趣班上面。可是，心理学认为经常做家务的孩子有更高的自尊心，更有责任感。当遇到困难时，他们能更好地处理，在学校里的学业也会表现得更好。甚至，经常做家务的孩子会更有幸福感，因为孩子并不觉得做家务给他们的生活带去了负担。

完成家务劳动，是孩子独立负责完成一项任务的过程。在这个过程中，如果孩子认真对待这项任务，努力去完成它。那么孩子既能从中学到责任和义务，也能从中获得成就感。研究发现，从三四岁的孩子是否参与到家务中可以预测他们在成年后是否能成为一个成功的人。积极参与家务，有利于孩子长大以后成为一个成功的人。

！做家务的好习惯要提早建立

孩子无论是做了多么小的家务，家长都要积极鼓励他们。比如，擦了自己的小桌子，收拾了自己的玩具或者帮助妈妈一起提了菜回家。而我们这里说的鼓励并不是给孩子物质奖励，而是给孩子一个拥抱、一个亲吻，或者一个五角星。鼓励可以促使孩子养成做家务的习惯，而一旦习惯养成，成长后的孩子也不再会觉得做家务是一种负担，也不会觉得家务给自己带去的是压力。没有鼓励，孩子或许很难长期从事单调的家务活动，而没有了长期重复，孩子将很难把做家务当成一种生活习惯。

如何帮孩子养成做家务的习惯

(不管多小的家务)

家务

奖励

(拥抱 亲吻)

结语

结语

● 孩子的兴趣转瞬即逝，把握住孩子对家务充满兴趣的时机，使做家务成为孩子每日生活的习惯行为。让孩子喜欢做家务、习惯做家务，要比长大以后才给孩子安排做家务的任务，要求定时定量地完成容易得多。

让孩子做有兴趣且愿意做的事情成长会更快

现在的市面上有着形形色色的兴趣班，不仅学龄班小朋友，甚至学前班和出生几个月的宝宝都有各种形式的兴趣班。可是，我们稍加观察就可以发现，有的兴趣班并不一定是真的符合孩子的兴趣，而是为了孩子能够在以后的学业上可以占据优势。孩子的兴趣有的并不能帮助孩子考出好成绩，但是，我们家长却应该尊重孩子的选择。因为让孩子做自己真正愿意做的事情，可以让他们发展成一个更好的个体，而不仅仅是考出一个优异的成绩。

！兴趣是最好的老师

不论是玩耍还是学习，孩子的行为都是有据可循的，这个依据就是动机（Motivation）。动机是我们行动的指挥棒，让我们朝着一个目标去前进。心理学将动机分为外部动机（Extrinsic Motivation）和内部动机（Intrinsic Motivation），这个在本书的第2章也简单提到过。外部动机来自我们的环境，是一种可以操作的条件，比如奖励或者惩罚；内部动机则源于我们自身，不由他人控制，来源于我们自己的认知、生理、情感和精神。

当孩子由衷地喜欢做某件事情时，这里的由衷可能是因为他们在内心深处觉得这是对他们有帮助的事情，也或许因为他们觉得做这件事情时他们能感到真心的欢愉（生理激起），这就是内部动机。这样的内部动机能保持孩子长期、坚持不懈地去完成任务，即使途中遇到了困难，他们也不会轻易放弃。由内部动机驱使的孩子也能更认真、用心地去完成任务，从中学习到更多的东西。外在动机虽然也能驱使孩子去行动，但是出于得到某些奖励或害怕惩罚的动机去行动，孩子更容易在遇到一些小困难时放弃，或者当结果不明朗时无法继续坚持下去。心理学研究也发现，当孩子在完成同样的任务时，出于内在动机的孩子会比外在动机的孩子能够坚持得更长，完成的结果也会更好。**因此，让孩子做自己想要做的事情，他们往往能够做得更出色，且容易获得成功。**

❗ 建立自尊心的需求

孩子出于内在动机去做某件事情时，通常都会获得较好的结果。比如，孩子想要用积木建造一个航空母舰。那么在这个过程中，孩子不但要学习航空母舰的构造，掌握每个部件的大小，颜色，甚至还要有正确的比例，才能用一块块的积木块搭出一艘航空母舰。在搭积木的过程中，孩子不但得到了自己想要的成功，也提升了自尊心。而自尊心是我们看待自己的价值，有高的自尊心意味着我们会更自信，更相信自己的能力，也同时会认为自己是对别人和社会有价值的人。而低自尊心会让我们抑郁、焦虑，认为自己没有存在的价值。因此，孩子需要有健康的高自尊心才能成长为一个有着健全人格的人。

　　有高自尊心的孩子对自己的能力更有自信，对家人和朋友也更有自信。能成为一个更开心，拥有更多正能量的人。而这些都能让孩子受益终身，这不比仅考出优异的成绩更有意义么？

孩子的高自尊与低自尊

高自尊的孩子　　　　　　　　　　　低自尊的孩子

结语

结语

●虽然说，全面的学习能让孩子成长为一个多才能的人。但是，允许孩子有自己的专长，让孩子做自己喜欢做的事情，也是孩子能够健康和快速成长的一个不可或缺的部分。

09 同一问题提醒好几遍后 为什么孩子还是会再犯?

每一个孩子都好似一个失忆的天使,他们都特别喜欢重复问同一个问题,喜欢让爸爸妈妈重复读同一本书,同一个问题被提醒多次后还常常屡教不改。家长一定会觉得好气又好笑,孩子为什么就不能努力好好记住呢?但事实上,因为孩子大脑发展的某些特色,并不是孩子通过努力就能一次记住我们家长说的话。

当我们需要记忆某个问题时,我们的大脑其实经历了一个漫长而复杂的过程。首先,我们通过各种感官系统接受信息。然后,过滤掉一些无用信息,同时将有用的信息储存在我们的短时记忆中。最后,其他非常重要,且长期被重复的信息就会进入我们大脑的长时记忆(长时记忆中的信息也就是我们过了很久还依然能够记住的事情)。这就是我们人类在记忆时大脑的工作过程。从记忆的过程中,我们可以发现,进入长时记忆的信息有两个重要的特点,第一是重要的信息,第二是重复的信息。

❗ 孩子并不擅长 抓住重点

从我们的大脑结构来看,孩子的大脑比成人的大脑有更多的神经元链接,但是他们的抑制性神经递质却比成人少得多。**也就是说,孩子的**

注意力特别涣散，他们总是同时注意到很多事情，但是他们不知道到底什么才是重点。也正因为孩子大脑的这个特点，他们总是特别地有创造力和发散思维。

当我们在对孩子谆谆教导的时候，前一秒钟他们还在认真地听我们说的话，后一秒钟他们的注意力就被身边的其他事物吸引了去，也并不知道我们还在继续说什么。所以，并不是孩子故意要一而再再而三地去忽视我们说过的问题，而是从一开始他们就没把注意力放在这个问题

孩子同一个问题老是再犯的原因

有创造力。　　　　　　　　　　　但是注意力涣散。

有发散思维。　　　　　　　　　　但是不擅长抓重点。

上。如果孩子并没有在注意我们说的话，不认为这是重要的内容，那么他们也无法将这些话记住。

因此，在教育孩子的时候，我们家长可以尽量精简自己的语言，说关键和重点。可以用一句话说完的，就不要说一大段，能用几个词语说清楚更是上策。因为，当我们还在絮絮叨叨地讲一大堆大道理的时候，孩子的注意力早已经不在了，还容易让孩子抓不住重点。

！孩子需要通过 重复来记忆

想要让孩子不再犯错误，就需要给孩子不断犯错的机会。我们的记忆特点决定了我们需要通过简单重复同一个信息的刺激，才能让这些重要的信息进入我们的长时记忆，也就是我们平时说的记牢这个信息。并且根据艾宾浩斯记忆曲线，就算进入长时记忆的知识点，也会在几天之后出现大规模的遗忘。因此，孩子就是要通过不断的重复，才能保证信息进入他们的长时记忆里不被遗忘。在重复的过程中，孩子不仅得到了练习的机会，让之前的记忆不断加深，而且还把信息转化成自己的语言记入大脑。

另外，每个人的记忆能力和记忆策略都有所不同，有的孩子重复十遍可以记住的东西，另一些孩子或许要重复二十遍。**我们不能用一个标准来强求每个孩子都达到一样的水平。**当然，家长除了需要耐心地接受孩子不断重复的特点，还可以通过一些方法来帮助孩子记忆。例如，使用多通道感官来呈现信息，可以帮助孩子提高记忆的效率。因为，通过单一感官来接受信息进行记忆的效率不够高，那么结合听觉、视觉、触觉、味觉等多通道感官来接受信息，效果会比仅用视觉感官接受信息进行记忆要好很多。

多感官通道记忆

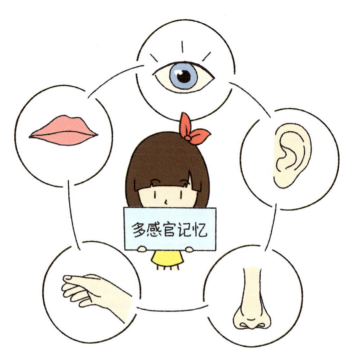

使用多通道感官来呈现信息，有助于提高记忆效率。

一起讨论你感兴趣的话题吧！

孩子的性格培养是孩子成长过程中重要的话题，关系着孩子在自己的生活中能否与他人健康交往，积极自信。

本章一共列举了9个关于孩子性格培养的问题以及解决方法，如果有其他问题，也可以扫描左边的二维码，进入讨论群，和其他的爸爸妈妈、育儿专家们一起讨论育儿方法。

第5章

帮妈妈解决对孩子行为举止的担心

没有规矩不成方圆。

虽然我们无法过早就让孩子建立严格的行为规范，

但是为了让孩子在将来能成长为一个自律且擅长自我管理的人，

也需要帮孩子及时建立起行为举止规范的意识。

宝宝咬人是在宣泄自己的各种情绪?

小宝宝慢慢长大了,除了会和爸爸妈妈、家里人互动以外,也开始和其他同龄小朋友有了越来越多的交集。可是,孩子之间的社交总是容易变幻莫测,有时候开心了一起拥抱打滚,不开心了就咬人打架。当孩子第一次咬了其他小朋友的时候,爸爸妈妈一定非常震惊,惊讶自己孩子怎么出现了如此野蛮的行径,同时还要忙着安抚被咬的小朋友,及其被咬孩子家长的气愤情绪。可是,我们并没有教过孩子去咬人,为什么他们会这么做?

❗ 咬人是孩子的一种情绪表达方式

孩子咬人是一种非常普遍的现象,大约有半数的宝宝在成长过程中会出现咬人的行为,这种情况最频繁发生在孩子一岁半到三岁之间。心理学家认为,咬人是孩子表达自己生气、沮丧、渴求控制感和追求关注的一种方式。因为还不太懂得用语言表达自己的情绪和需求,所以孩子会通过咬人这种看似非常有攻击性的行为来向我们诉说自己。**我们不能因为孩子咬人了就预测宝宝长大以后会成为一个有攻击性的人。**

有时候孩子咬人也并非是生气或者愤怒,当孩子特别激动或者高兴时，也会用咬人来表达。这种情况一般发生在喂养母乳的妈妈和孩子之间，当孩子长牙的时候，他们会在母乳喂养的过程中咬妈妈。一方面是因为长牙的不适感，另一方面是他们在表达自己的激动。如果妈妈因为被咬疼得大声叫，甚至觉得好玩而笑着回应的话，那就变相鼓励了宝宝咬人的行为。宝宝会觉得妈妈大声叫或者轻打自己，是在和自己玩耍。那么下一次，他们又会通过咬妈妈，希望妈妈再次和自己互动玩耍。

虽然咬人这种行为是孩子发展过程中的正常现象，也会随着孩子的成长而慢慢消失，但是，咬人依然会给家长甚至其他孩子及他们的家长造成困扰，那么我们应该怎样帮助孩子学会不再咬人呢？

宝宝咬人的原因

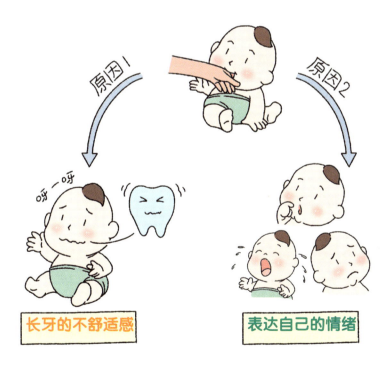

原因1　长牙的不舒适感

原因2　表达自己的情绪

！帮助孩子纠正咬人 的行为

初生的小宝宝就如同一张白纸，他们并不了解周围的世界，也并不太懂自己。当宝宝刚刚意识到自己情绪的时候，那种感觉是无以言表的。情绪对他们来说是一种生理激起，他们能感受到自己身上发生了变化，但他们并不知道这是什么，也不清楚应该怎样处理，以及会带来什么后果。所以，在无法认识和管理自己情绪的宝宝身上就出现了类似动物特性的咬人现象。

因此，要想帮助孩子纠正咬人的行为，先要让宝宝认识到他们自己的情绪。比如，当宝宝因为生气而咬人的时候，我们首先要让宝宝认识和接受自己的情绪，让他们知道，他们出现的这种情绪叫作生气。让他们接受生气是一种正常的情绪，告诉他们在遇到挫折的时候会生气是正常的现象，大人也会生气。只有接受了自己的情绪，才能更好地处理情绪，我们需要注意的是不能在孩子生气时，说出："这么一点小事有什么可生气的。"之类的话。这对纠正孩子的行为丝毫没有帮助。

！教会孩子管理 自己的情绪

孩子在认识了自己的情绪以后才有可能管理好它们。我们可以告诉孩子，生气是一种人类正常的情绪，我们都会生气，但是用咬人来表达生气的方式是不合适的。除了制止孩子咬人的行为，我们还要给孩子一个可以操作的行为指南，比如告诉孩子，在生气时可以通过画画来转移注意力，或者可以通过深呼吸等方式来平抚自己的情绪。因为如果不给出一个具体的方案，孩子就会很难理解自己到底应该怎么做。

教孩子管理情绪

对咬人行为说不。

通过转移注意力来抚平情绪。

结语

结语

● 想要纠正孩子的一些行为看起来很不容易，其实却很简单，重点就是能够找出孩子行为背后的根源所在。找到问题的源头之后，再具体问题具体分析，和孩子一起解决。

02 "这是我的！"是孩子心理发展的两个时期

爸爸妈妈总是把小宝宝当成自己手心里的宝贝，十分珍贵地呵护着、关怀着。因为，不管宝宝长到几岁，他们都是爸爸妈妈心中"我们的宝贝"。可是，突然有一天，这个我们的宝贝也有了自己的"我的"。随着孩子有了自我意识，有了所有权意识，我们也慢慢意识到这个我们的宝贝，不再是"我们的"，长成了一个独立的小个体。

！孩子自我意识的形成时期

一岁半到两岁是孩子自我意识发展的关键时期，这个年龄段的孩子开始慢慢意识到自己是一个独立的个体，并且知道自己的名字、自己的喜好、自己的需求和愿想。

心理学中著名的"镜子测试"就能让我们了解到孩子从什么时候开始发展自我意识，这个测试的根本就在于孩子是否能够知道镜子里面出现的映像就是他自己，如果能，就说明孩子已经有了自我意识。镜子测试发现，18个月之前的婴儿并不知道镜子里面出现的是谁，而当宝宝长到18个月以后，开始明白镜子里面的其实就是自己。

　　自我意识发展的孩子，不仅开始知道"我"这个小个体，也开始使用"我""我的"之类的词语表达自己的需求。他们了解自己想要的东西，也知道归自己所有的物品。**出于人类对资源的天然占有欲望，刚刚有自我意识的孩子也会对自己的物品特别执着。**我们会发现，两三岁的孩子对自己的玩具、自己的衣服、自己的房间等都特别有保护的意识，认为这些是神圣不可侵犯的。因为对于孩子来说，玩具就是他们最重要的资源，拥有这些资源让孩子更有安全感。

宝宝也有天然的占有欲

宝宝对自己的资源具有保护意识。

！孩子所有权意识的发展时期

　　一岁半到两岁左右的孩子不但开始对自我意识有了逐渐完整的认识，他们也开始对物品的所有权有了概念。孩子能从不同的物品中间区分出哪个是自己的，哪个是别人的。他们甚至能从看起来完全一样的两个玩具中间找到属于自己的那一个。孩子对"我的"玩具有着特殊的感情，这也意味着他们会更不愿意与别人分享自己的物品。

　　但是，有所有权意识并不等同于孩子就会变得非常自私，相反，随着孩子年龄的增加，他们会更全面地认识到所有权是一种社会属性。所有权可以转移，而有时候将自己的玩具送给别人，会让别人感到高兴，这就是这个玩具带来的社会价值。随着这些认识的不断增长，孩子不仅会认识到自己对物品拥有所有权，也会越来越认识到他人对物品的所有权，以及物品所有权在社会中的转移与价值。心理学研究发现，两岁的孩子比一岁半的孩子更愿意分享自己的物品去帮助他人。

结语

结语

　　●在孩子的特定阶段，如果孩子不愿意分享玩具，我们家长可以不强求。我们可以潜移默化地向孩子灌输分享的观念，要相信其实孩子天性是热爱分享的，他们总有认知更完全的一天，可以享受分享带来的乐趣和满足感。

为什么孩子老是抱着喜欢的玩偶不撒手?

　　小宝宝的最爱一定都是妈妈，和妈妈分离的宝宝总是表现得格外悲伤，他们会哭闹，甚至会吃不下奶。然而，从小陪伴宝宝的不仅是妈妈、爸爸这些亲人，也有玩具。特别是宝宝睡觉总会伴着入眠的小玩偶，一定是宝宝特别依赖，且不愿意与之分开的。

！什么是依恋关系

　　依恋关系（Attachment Relationship）是指人们之间深沉、长久的一种亲密关系，依恋关系直接影响我们的人格发展。**心理学认为，拥有健康依恋关系的孩子情绪会更稳定，也会更有安全感。**这些孩子更愿意出去探索世界和接触新事物。而与爸爸妈妈没有紧密依恋关系的孩子会更小心谨慎，不愿意尝试体验新事物。

　　因为，当小宝宝感受到焦虑和不安时，他们就会寻求妈妈的安慰。这种安慰可以是生理上的拥抱，也可以是心灵上的慰藉。如果宝宝在焦躁不安的时候得到足够的安慰，那么他们的焦虑情绪就能得到缓解。这就是更紧密依恋关系让孩子更有安全感的原因。相反，如果长期得不到安慰，孩子和妈妈之间的依恋关系非常之弱，那么孩子的焦虑情绪就会一直影响着他们的大脑。这种长时间的压力会导致孩子成长过程中一系列心理甚至行为上的问题。

！与玩偶的 亲密关系

随着孩子慢慢长大，会成长为一个独立的个体。然而，长大也是需要付出"代价"的，长成为独立的个体也就意味着不能每时每刻都和爸

玩偶的作用

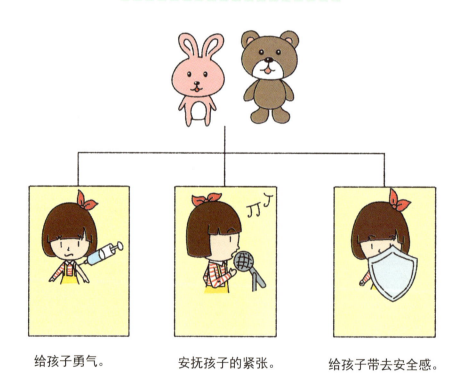

给孩子勇气。　　　安抚孩子的紧张。　　　给孩子带去安全感。

爸妈妈在一起。可是，没有哪个小孩可以一夜长大。因此，在孩子成长为一个真正独立的人之前，他们需要一个过渡期。在这个过渡期内，有许多孩子会选择一个自己喜欢的玩具或者玩偶来陪伴自己。因为一个熟悉的玩偶，可以给孩子带去安全感，当他们需要到一个陌生的地方探索和学习的时候，这个熟悉的玩偶给他们无穷的勇气，也能安抚孩子的紧张、焦虑情绪。

有的家长可能会认为，孩子走到哪里都要抱着自己的玩偶是长不大的表现。恰恰相反，这是孩子在努力地为长大而做准备。**每个孩子都有自己的成长时间表，对自己心爱的玩偶特别依恋是一种正常的心理现象，我们不能因为害怕孩子无法自立而强求孩子放弃带着玩偶出行。**其实，当孩子在心理上准备好了，他们也就会不再总是带着玩偶出行。心理学认为，2岁到5岁的孩子会根据自己心理发展的需求开始不再对玩偶过分依恋。因此，尊重孩子，让孩子自己准备好成长为一个独立个体，也是我们帮助孩子更好成长所能做到的。

结语

结语

●因此，当孩子因为看不到喜欢的玩偶而哭闹的时候，我们要给予孩子足够的安全感加以安慰，而不能因为想要锻炼孩子，或者看轻孩子的这种行为，而强行制止孩子，甚至把玩偶夺走。这一类的激进行为都会伤害我们的孩子。

04 "不"是孩子向大人发出的"独立宣言"

身边的一些朋友曾经这样抱怨过："自己两岁且进入叛逆期的孩子十分让人头疼。每天挂在嘴边的都是'不'，不愿意吃饭、不愿意睡觉、不愿意洗澡，简直让人无法忍受，真的希望学校能全天接管了去。"

这或许就是成长的"代价"，孩子喜欢用说"不"，让自己慢慢成为一个独立的个体，而这是每个孩子和家长都需要面对的阶段。可是，为什么孩子要使用这样否定和激烈的词语来表达自己的独立呢？

！说"不"是孩子自我意识的体现

孩子一岁半到两岁是他们自我意识发展的关键期，同时这个时期也正是孩子语言发展的关键期。随着孩子对自己是个独立个体的概念越来越清晰，他们也强烈地需要表达自己，让别人知道他已经不再是那个什么都不知道的小宝宝。他们想要表达出自己的喜好、需求和愿望，可是由于语言能力的有限，想要说出"我喜欢这个玩具""我想去玩秋千"这样的句子对孩子来说是一个比较困难的任务。相较之下，说"不"就要简单很多。"不""不要""不喜欢"成了这个年纪的孩子说得最多的词语，因为一个字就完全表达了孩子想要表达的意思。这些简单明了，却语气强烈的否定词直截了当地表达了孩子的是非喜好，所以也就成了孩子在一定时期内的口头禅。虽然，我们家长不乐意听到孩子说的这些词，但这却是孩子能说出口的有限词语里最能表达他们意愿的话。

！说 "不" 是孩子
在模仿大人

孩子就像家长行为的复制机，在孩子懵懂发展的时候，每天都会听到爸爸妈妈的 "不要摸这个！" "这个不能拿来吃的！" "不可以玩电

孩子是在模仿大人

爸爸妈妈频繁地说 "不"，宝宝受影响之后也会习惯性地说 "不"。

线！"。于是，当孩子开口说话时，首先蹦出的是"不要""不喜欢"也就不足为奇了。**如果不希望听到孩子频繁地说"不喜欢"，我们家长也要从改变自己的说话方式做起，我们可以少使用"不"这样的负性词汇，而采用更正面，带有鼓励性的话来表达相同的意思。** 比如，相比说"不能随便丢玩具"，我们可以说"玩具应该摆放在玩具架上"。心理学研究也表明，在家中和孩子说话时，家长使用的词汇越丰富，越正面，孩子的语言发展也会越好，甚至会更聪明。

！说"不"是孩子
独立的体现

当孩子开始有自我意识以后，他们不仅想要表达自己的喜好，也希望掌控自己的生活。他们会想要拿到自己想玩的物品，吃到自己喜欢的食物，去自己想要去的地方探索。但是，爸爸妈妈总是有很多的限制，不允许孩子碰这个，摸那个。当孩子想要尝试却屡屡受到限制时，他们就会感到沮丧，感到对自己生活的无能为力。成年人希望对自己的生活有控制感，孩子也是一样。拒绝爸爸妈妈给出的条件限制，会让孩子觉得自己控制了当前的局面，让他们充满自豪感，更自信。

因此，家长可以适当降低自己限制孩子行动的标准，不要过多地限制孩子的行动。在保证孩子安全的前提下，尽可能多地让孩子按照自己的意愿探索世界。我们会发现孩子也会用更少的反抗来回报我们。

孩子是在掌控生活

孩子为了夺回自己对生活的控制感，开始反抗大人。

结语

●孩子总有一天会长大和独立，让孩子在正向的环境中成长不但对孩子的心理和社交有帮助，也同样会让我们家长更加舒心。

和妈妈顶嘴是建立
逻辑关系的最佳时期?

孩子的逻辑发展是一个循序渐进的过程，从开始认识客观物体的逻辑关系到抽象的逻辑关系，可能需要几年的时间。心理学家认为，孩子通常在五到六岁才开始慢慢地使用逻辑思维来看待我们的世界。最初，孩子从看着物体落地学会因果关系，到开始了解可逆性和归类等的逻辑关系，是孩子从日常生活中的观察，或者从玩耍中学到的。同时，也可以通过和妈妈顶嘴的过程中领悟到。

！和妈妈顶嘴
！未尝不可

抛开和妈妈顶嘴是忤逆家长意愿的不敬行为来看，顶嘴并不完全是一件坏事。在美国的GRE（Graduate Record Examination）研究生入学考试中就有一个辩论项目，也就是让考生通过类似辩论的方式找到文章中的一些逻辑错误。顶嘴就好像一个口头的Argument测试，从这个角度看，我们的孩子是从小就开始训练自己的逻辑思维能力呢。

著名的儿童心理学家皮亚杰认为，孩子的逻辑发展是从归纳逻辑（Inductive Logic）到演绎逻辑（Deductive Logic）。**归纳逻辑是指通过经历来总结基本理论，而演绎逻辑是从基本理论推理具体事件。**因此，在争辩的过程中，如果孩子能将自己想表达的事件总结归纳后告诉妈妈，再将妈妈说的大道理运用到自己的个人情况。这样的思维训练过程有助于孩子逻辑的建立和发展。

当孩子反对妈妈的意见时，首先，说明他们已经有了自己的意愿，是孩子自我意识的表现，他们知道自己的喜好和需求，也不再愿意完全服从妈妈的安排。其次，在孩子发表自己意见时，他们对自己会有更高的认同感，增加了自信心。最后，孩子与妈妈顶嘴，是需要反驳妈妈的观点，以及陈述自己的看法。==在这个过程中，让孩子更好地建立了自己的逻辑关系，同时也锻炼了语言组织的能力。==

归纳逻辑与演绎逻辑

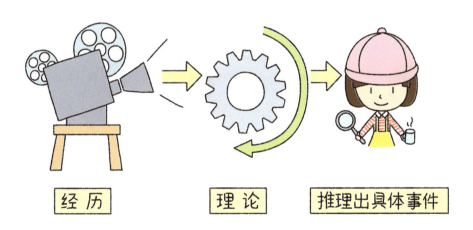

经历　　　　理论　　　推理出具体事件

教导孩子正确的顶嘴方式

　　当然，并不是所有的顶嘴都能让孩子从中得益。让顶嘴帮助孩子建立逻辑关系，是需要我们家长从中协助才能完成的。

　　首先，我们家长要注意控制自己的情绪。当孩子开始顶嘴的时候，家长通常很难控制自己的情绪。在自己的权威受到挑战和感到羞辱的复杂情绪中，很容易会对孩子进行惩罚和制止。如果情景确实如此，那么孩子不仅很难从中学到知识，反而会学习错误的问题解决方法。因此，我们家长要就事论事，用以理说理的方式来和孩子理论，而不是使用暴力来显示自己的权威。

如何减少孩子顶嘴行为的发生

家长和孩子以事论事，间接帮　　　　家长遵守承诺，让自己说的
孩子建立逻辑。　　　　　　　　　　话更有信服力。

其次，当家长的行为与语言相符的时候，不仅有助于孩子更好地认识这个世界的真实性，也有助于孩子建立正确的逻辑关系。孩子和妈妈发生顶嘴的原因有很多，例如孩子不想好好吃午饭。假设这种情况发生，妈妈教育说，"如果不好好吃午饭，那么晚饭之前取消一切零食。"孩子一定会满口答应。那么妈妈在这个下午一定要遵守自己的承诺，而不是中途发现孩子饿了又心软下来。因为妈妈遵守承诺的这种做法，不仅能让孩子建立正确的逻辑关系，也能让妈妈以后说的话更有信服力。

结语

结语

●逻辑关系是孩子将来学习工作中需要用到的一种重要的思维能力，帮助孩子建立良好的逻辑思维能力，对孩子很有帮助。但是，顶嘴虽然有助于孩子逻辑思维能力的建立，但却并不是逻辑思维能力建立的最优方式。我们还可以通过一些数学玩具来帮助孩子建立更完整立体的逻辑体系。

06 是时候与孩子聊一聊性话题了！

　　小朋友一直对其生活的世界保持着高度的好奇心，他们摸索环境中的一切事物，也观察周围的各种人，以及人与环境的各种交互。同时，孩子也对自己非常好奇，他们感知自己的身体，这也是他们探索世界的一大课题。孩子在探索身边的各种事物之余，也开始探索周围的人类，他们会发现这个世界上有着两种不同性别的人，家中的爸爸和妈妈就截然不同，而自己在幼儿园里也有男同学和女同学。而孩子性意识启蒙的第一步，就是从在家里观察自己和爸爸妈妈的身体特征开始的。

！孩子性意识的发展

　　随着孩子的自我意识的不断发展，孩子也慢慢有了性意识。儿童时期的性意识主要在于对性别差异的认知，对生殖器官的好奇和认识，以及对性别角色的意识。青春期以后的性意识会随着生理性特征的不断成熟而逐渐走向更加完善的阶段。在孩子的家庭教育中，随着孩子年龄的增长，性是一个无法回避的话题。孩子总有一天会问，"为什么我有小鸡鸡，妈妈也有吗？""为什么我不能和妈妈一起去女厕所？""我是从哪里来的？"之类的问题。但是，鉴于儿童性意识的特点，通常，孩子也只是希望从爸爸妈妈那里获取宏观的性知识。比如，在关于宝宝是爸爸妈妈的精子和卵子的结合这件事情上，他们尚不能理解和接受性行为等具化的描述。其次，精子和卵子结合的过程也是孩子不能接受的。

因此，当孩子第一次问起自己是从哪里来的时候，我们家长也不用过分紧张，只需要更充分的时间做好心理准备来与孩子聊性话题就行了。

! 怎样和孩子聊性话题

保持镇定。孩子对爸爸妈妈的情绪有着特别高的警觉和感知能力，当家长感到焦虑的时候，即便是努力掩饰，也还是会被孩子感知到。因

和孩子聊性话题的方法

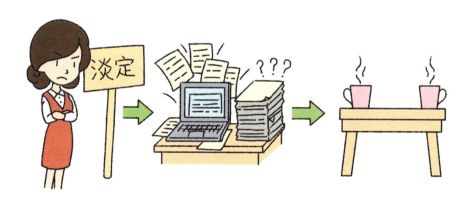

| 家长首先要以平常心对待这个话题。 | 私下查阅资料，做好各种准备。 | 保持全程对话的轻松、愉快。 |

此，当我们和孩子聊起性的话题时，首先要保证自己尽可能平淡地对待这个话题，才能在与孩子的交谈中，让孩子知道这是一件平常的事情，那么他们才有可能正视这个问题。当孩子和家长在交谈中轻松愉快地聊完一次敏感的性话题后，孩子和父母的焦虑情绪都会降低，给下一次正视这个话题带来可能性。因此，如果不想被孩子问到手足无措，我们可以私下就对孩子可能问到的问题有所准备，多练习几次。这样不但家长自己能更平和地看待性话题，和孩子的交流也会变得行云流水。

！让孩子树立性意识 的好处

认识自己。孩子性意识启蒙后，最重要的是认识到自己的性别，认识到男生和女生的本质不同。孩子通过观察自己的身体和家长的身体后，会将男女归到不同的类别中去。正确认识到性别的不同，对孩子以后的性心理发展有着重要的作用。当我们发现孩子对自己的身体产生好奇时，就可以帮助孩子了解自己生殖器官的正确名称、功能和异性性别的不同。对孩子有所遮掩并不有助于孩子性意识的学习和发展。事实上，对于儿童来说，他们只是对人体的差异感到好奇，家长也并不需要想得过多。对这个阶段的孩子来说，他们对性方面的过多细节并没有什么求知欲。

保护自己。对于儿童性意识的教育，我们还需要让孩子有保护自己的意识。教育孩子自己的性器官是隐私的，不应该暴露自己的性器官，不能被别人侵犯自己的隐私，也不应该侵犯他人的隐私，公共场合下聊性话题也同样是对他人的不尊重。

让孩子树立性意识的好处

帮孩子更好地认识自己。　　　　　　帮孩子更好地保护自己。

结 语

结语

●这个话题在我们相对传统的东方文化背景下，是一个千年老大难问题。但是，如果孩子能从小正视性，正确地了解性，那么将来他们在这方面受到伤害的可能性也会更小。抱着保护孩子的心态，我们家长也一定能克服自己心理上的某些压力，和孩子好好地聊一聊这个话题。

07

捣乱是孩子实现自己想象力的过程

各位家长一定都经历过如下的场景：孩子一个人在房间里玩得十分投入，既不来打扰爸爸妈妈，也没有发出多大的动静。时间过了许久，家长想起来进去看看孩子到底在玩什么？结果发现，孩子把床上的被子、枕头丢得满地都是，把玩具和一些他们认为是心爱的小物件（或许只是一些废纸），在床上摆出各种造型来，自己还在一边上蹿下跳，一边嘴里念念有词。这时候哪个家长能不忍俊不禁又"气血攻心"呢？

捣乱是我们大人给孩子行为的一个定义，在孩子的世界里其实并没有捣乱的概念，对他们来说，翻箱倒柜是探索世界，丢东西是建立逻辑，而破坏家里的物品作为自己玩耍的道具是想象力的发展。试想一下，我们又有谁小时候没有裹起床单，当自己是公主或者超人呢？

！大脑认知发展的重要环节

想象力是指当我们没有直接感知到，而在大脑中创造出一些景象，想法等的过程。想象力帮助我们将知识运用到问题解决中，也是我们整合经验和学习的过程。当我们的孩子把棉被做成屋子，把枕头当作桥梁的时候，就是他们在发挥自己的想象力在玩耍。虽然孩子在玩耍的过程中，把家中的摆设搞得一片狼藉，但他们却是在自顾自地玩耍中学到了知识，大脑也得到了发展。

想象力的重要性。孩子通过假想游戏来学习别人是怎样思考的，这对孩子来说是一种非常重要的认知能力的发展。因为，在此之前，孩子一直是处于自我中心的认知阶段，他们只能从自己的角度出发看问题，没有能力了解他人是从怎样的角度出发思考的。而当孩子通过想象力在自娱自乐的时候，他们会时不时进行各种角色扮演，这时就需要孩子站

心理理论

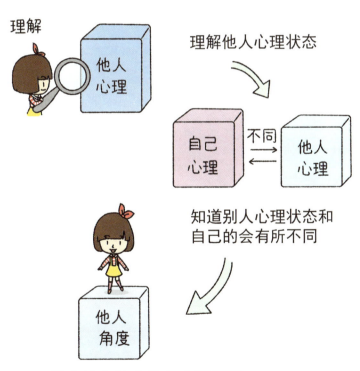

在他人的角度上去思考。在角色扮演的过程中，孩子会考虑扮演对象的想法和行为，这都是对孩子心理理论（Theory of Mind）的一种训练。简单的说，心理理论的定义就是人们能了解别人的心理状态，并且知道别人的心理状态和自己的会有所不同。==而心理理论的发展是我们认知发展的一个重要阶段，有了心理理论的孩子才会通过别人的角度来思考问题，他们不再是以自我为中心，这也是孩子在社交关系发展中的一大进步。==另外，在进行假想游戏的过程中，孩子会自己创造出一些场景、情节，这些也是对孩子解决问题能力的一种训练。

！想象力影响孩子创造力的发展

　　想象力对孩子将来的创造力发展也是一个重要的影响因素。孩子通常都比成年人更有想象力，这是由孩子大脑结构的特性所决定的。但是儿童发散思维的优点会在成长的过程中慢慢地被各种规律和规则所磨灭。虽然在孩子的眼里，被子并不是简单的被子，可以是超人的披风，可以是沙滩边的小屋，还可以是浩瀚的海洋。可是在我们的眼里被子就是被子，这就是我们在成长过程中通过各种经验给自己的一个刻板印象（Stereotype）。刻板印象是指对人的类型或者事物功能的一种固化的看法，对我们的发展和社交有着一定的局限性。因此，想要不被刻板印象所局限，我们就应该鼓励孩子保持小时候的超凡想象力。不要因为孩子是在"捣乱"而遏制了孩子想象力的发展。

刻板印象

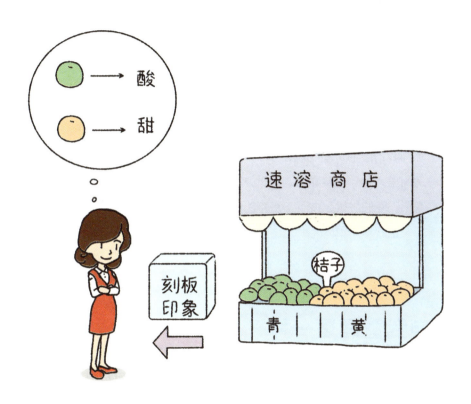

其实这两种桔子是一样甜的，但因为人们的刻板印象，
就会认为绿皮桔子一定会很酸。

结语

结语

●其实，放下我们大人的架子和成见，和孩子一起沉浸在他们想象的"王国"中，体验一次孩子的奇幻世界，对我们家长也未尝不是一件有趣的悠闲娱乐活动呢？就不要以"捣乱"来限制孩子，拘谨自己的生活了吧。

08

孩子主动收拾房间是在开始自我管理

有条件的家庭，可以尽早给孩子一个独立的小房间，那样我们会惊奇地发现，孩子不但有可能自己在他们的房间里入睡，还会布置自己的房间，把房间收拾得井井有条。有的时候，孩子不是不能做得更好，而是缺乏了一定的条件和环境。

！自我管理是一种重要的能力

自我管理是我们能够控制自己的情绪，以及基于某种目标管理自己行为的能力。自我管理在人生成长的每一个阶段都是一种生存必备的能力，因此，如果孩子能够尽早地学会自我管理，那么对他们将来的发展是十分必要和有帮助的。管理情绪是自我管理的一项首要内容，孩子从两三岁开始有情绪自我意识（Emotion Self-awareness）后，他们开始认识自己的情绪，也慢慢学习如何与自己的情绪相处，好的自我情绪管理能力是孩子将来在社交生活中所必需的。**自我管理的另一项重要内容是行动的自我管理，也就是我们计划、整理、分配时间、空间、记忆力等的各种能力。**而这种自我管理的能力对孩子将来的学业，工作也有着相同重要的意义。

　　在我们的大脑中，自我管理能力的重大发展关键期分别是在5岁和12岁左右。在这两个时期，孩子会根据从生活中吸收到的大量信息，对它们进行整合，形成自己的一套自我管理体系。高效的自我管理能力可以帮助孩子在学业、工作和社交等各方面取得更好的成果；反之，不能进行自我管理的孩子就可能会在将来遇到行为或情绪问题，这些都将影响孩子将来的生活和工作。

孩子行动的自我管理

孩子高效的自我管理能力对将来的学业、工作有着重要的意义。

我们也知道2～5岁的小朋友通常都处于自我中心阶段，他们从自己的角度出发考虑问题，不会站在别人的角度来进行思考。同时，自我中心发展阶段的孩子不但只能关注自己，他们也只会关注当下的时间和空间，也就是说，孩子很难考虑到过去和将来，也很难顾及他无法看到的空间。因此，当我们的孩子开始主动收拾房间，也是他们迈出自我中心的一大进步，说明他们开始从爸爸妈妈的角度看待问题，意识到自己的房间是需要整理的。也说明他们对空间，时间有了进一步认识，知道有些一段时间不玩的玩具需要放起来，把空间留给现在需要玩的玩具。看似一个小小的举动，却在背后承载了非常大的进步和努力。

！我们家长 可以做的

不要忽视情绪管理。在我们的传统观念中，情绪管理是一个可有可无的课题。但是事实上，在我们的人生发展中，情绪管理有着举足轻重的作用。孩子的社会关系、处事能力都与他们的情绪管理直接相关。在孩子的情绪自我意识时期，我们要教孩子正视自己的情绪，认识自己的各种情绪。**更重要的是，当遇到情绪波动时，教孩子学会怎样让自己冷静下来，而不是对着别人发脾气，或者通过一些破坏性的方式来释放自己的情绪。**

适当引导孩子做好自我管理。当孩子表现出自我管理的行为时，我们应该感到欣喜，但也切不可操之过急。孩子对压力的处理能力有限，如果拔苗助长，孩子很有可能就会不再由衷地愿意自我管理了。因此，首先我们要了解孩子的能力。儿童在各个不同的年龄会发展出不同的认知和行为能力，如果我们想要训练孩子他们还无法完成的技能，那么对孩子的发展是不利的，因材施教不但要根据孩子的个性，也一样要根据孩子的不同发展阶段来进行。其次，也要给孩子提供适时的帮助。虽然自我管理能力强调的是"自我"，但是，如果孩子因为能力无法达到而情绪崩溃的话，这种情况并不能提升孩子的能力。因此，在合适的时候给孩子一些指点和帮助，但并不和孩子一起完成全部过程，这样的做法就可以让孩子在自我管理上渐入佳境。

结 语

结语

● 所谓家长的教养也就是在适当的帮助下，让孩子变成一个更好的自己。因此，相比教会孩子一加一等于二，或者背诵唐诗宋词和ABC，教会孩子怎样管理自己，管理自己的生活，管理自己的行为，才是更重要的事情。

09 孩子常说"我不会"是自信心不足的表现?

成人的世界是高速运转的,每天急冲冲地赶着做这个,急着去那里。孩子的世界却慢慢悠悠,每天不急着做事,也不急着赶路。爸爸妈妈很希望孩子能够体会自己的苦衷,了解自己的焦急,比如知道自己的辛苦都是为了给孩子一个更好的未来,诸如此类。可惜孩子并不懂,他们不但不能够站在爸爸妈妈的角度考虑他们的辛苦,更不能展望未来。因为这是孩子处在自我中心的发展阶段,还不会站在别人的角度思考问题。

！家长给孩子制造的压力

在带娃的道路上,经常有家长的意见和孩子的世界发生冲突的时候,比如爸爸急着带孩子去上学,而孩子还在磨磨蹭蹭地数着桌上的麦片圈有几个。爸爸看着时间一分一秒地过去,最后只能强制结束孩子手中的玩意,将孩子带走。在爸爸给予的强大压力下,面对爸爸提出的要孩子赶紧穿鞋穿衣服的催促,孩子通常就会说,"我不会穿。"

其实,孩子比我们想象的还要敏感得多,他们对我们的行动、言语和情绪都十分在意,而孩子在压力之下会觉得自己无法完成任务。因此，当我们从孩子口中听到过多的"我不会"的时候，我们首先要做的就是审视自己是不是给了孩子太多的压力，或者要求孩子太多了。

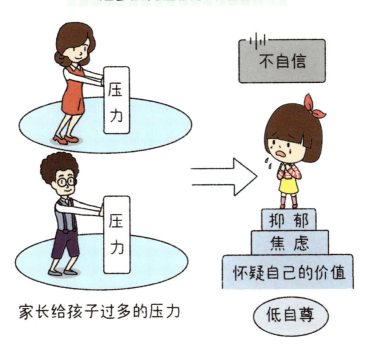

过多压力让孩子不自信

家长给孩子过多的压力

不自信

抑郁
焦虑
怀疑自己的价值
低自尊

！孩子的自信心
！不足

如果长期生活在高压的环境下，孩子就会变得越来越低自尊心（Low Self-esteem）。低自尊心的孩子会表现为没有自信心，总是否定自己，不但觉得自己不行，同时也会认为别人也觉得自己不行，看不起自己。这样的孩子在面对一项新任务，甚至是他们可以完成的任务时都会表现不佳。他们害怕接受挑战，也不相信自己，同时总是紧张别人会看不起他们。因此，低自尊心的孩子总是会说"我不会"，这是他们保护自己的一种方式。因为低自尊心的人已经无法再承受更多失败和打击，逃避对他们来说是最好的选择。

如果孩子因为自信心不足总是说"我不会"，不愿意尝试新的事物，甚至不愿意做自己已经会的事情，那我们家长需要给他们适当的帮助让他们重拾信心。首先，适当给孩子一些压力。就像我们之前说的，过多的压力会让孩子不敢去做，但是毫无压力又会让孩子懈怠。因此，压力的度需要家长配合孩子的个体差异进行调节。

如何帮孩子树立自信心

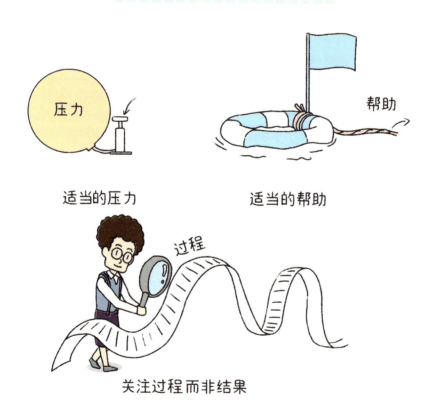

适当的压力

适当的帮助

关注过程而非结果

其次，给予适当的帮助。虽然，让孩子有独立能力是一种必需，但是，适时地给予孩子帮助能让他们在沮丧的时候重拾自信。只要记住"授人以鱼不如授人以渔"的原则，就不用担心孩子会过度依赖大人的帮忙。最后，关注过程而不要太注重结果。在成人的世界里，特别是工作上，往往只有结果才被重视。但是，孩子的成长不同，我们要看到孩子为了某个结果做出的努力、想出的办法和有过的尝试，而不是以结果论英雄。我们会发现，很多时候即使孩子没有成功，他们其实也已经在过程中有着很大的进步。如果忽视过程，那么我们也会无法看到孩子为之做出的努力。

结语

结语

● 孩子并不会从小就没有自信心和低自尊，我们要十分注意自己的言行，珍视孩子的每一个瞬间，才能培养出有自信心且心理健康的小朋友。

孩子对什么都好奇是探索世界的本能

每个孩子一出生就是好奇宝宝，他们从出生几周开始，随着视觉的发展，就会盯着喂奶的妈妈，渐渐会盯着自己转动的床铃，再发展到盯着房间里花色的窗帘，随后就是窗外的风景。对于我们成年人来说特别普通的物件，在宝宝的眼里都是新奇之物。当宝宝会爬、会走、会说话，他们也越来越具备探索世界的能力，他们不断地学习新东西，学习新技能和新知识，孩子就好像一块特大号的海绵，吮吸着身边的每一寸水源。虽说宝宝的个性千差万别，但是他们对世界的好奇心基本都是一样的，探索世界是孩子的本能。

！人类进化中的天性

在我们看来宝宝探索世界总是带有破坏性，不是摔破了碗筷，就是撕烂了重要的文件。可是，探索、好奇却是我们人类在进化过程中为了生存而保存下来的本能。在资源匮乏，能否存活下来还是问题的过去，只有能吃饱，能逃过天敌，才能够在严酷的现实中活下来，并且繁衍后代。然而，无论是吃饱肚子还是逃避天敌，都需要敏锐的洞察力来了解身边的每一个动静，知晓生存的环境。因此，当到达一个新环境后，观察周围，了解哪里有赖以生存的水源，何处有能够饱腹的食物，哪里是可以藏身的庇护所，都有助于我们的基因得到延续。

因此，探索周围的一切未知也就成了一种需要被传承下来的特性。只是人类现在已经生存在安全的环境里，小宝宝更是在呵护备至的环境中出生长大。妈妈把家中布置得漂亮温馨，却能在瞬间被小娃搞得天翻地覆。还不经世事的小宝宝们是不会懂得那些社会的规则和秩序的，他们最先表现出来的行为就是来自他们基因中的天性。

！探索世界
有利于孩子的成长

探索世界不但是来自进化的天性，更能够帮助孩子快速健康地成长。**心理学的自我决定理论（Self-determination Theory）认为，孩子生来就有探索、吸收和掌控周边环境的动机，并且当孩子的这种心理需求能在他们的生活环境中得到满足的话，那么就能成长为更加高自尊且心理健康的孩子。**满足孩子探索的需求，还能让他们成长得更快速，发展得更好。因此，当孩子在家里翻箱倒柜地探索世界的时候，我们要做的不是禁止，而是鼓励，满足了孩子翻箱倒柜的好奇心，孩子才能在更大的天地里探索，学到更多的东西。

了解孩子的这种天性，我们家长可以做的首先是认同孩子的这种天生的好奇心，知晓孩子在不同的年龄阶段探索世界的方式。更重要的是，我们家长也需要在孩子探索的过程中，帮助他们学会怎样发展这些探索世界的能力，让他们学会怎样在探索的过程中控制自己的一些行为，学会怎样成为一个有责任心的人。

自我决定理论

满足孩子探索、吸收和掌控的动机，就能帮助孩子成
长为高自尊且心理健康的人。

一起讨论你感兴趣的话题吧！

　　孩子的各种行为举止在有爱娃滤镜的爸爸妈妈们看
来也许都是可爱的，但有时我们也需要适时地放下爱娃
滤镜，注意到孩子不好的一些行为举止，及时纠正。

　　关于如何解决对孩子的行为举止的担心，也可以扫
描左边的二维码，进入讨论群，和其他的爸爸妈妈、育
儿专家们一起讨论育儿方法。

第6章

帮妈妈解决对孩子学习问题的担忧

孩子的学习问题也是爸爸妈妈们经常担心的。
孩子的三分钟热度、写作业不积极、孩子的兴趣学习等，
都时刻牵挂着大人们的心。而如何解决这些问题，
就一起来看看这一章的内容吧。

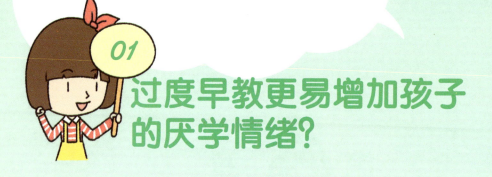

01 过度早教更易增加孩子的厌学情绪?

"过犹不及"，"拔苗助长"，这些都是先人们告诉我们的教育哲学。可是，越来越快速发展的科技文化，以及我们追求卓越的价值观，"不输在起跑线上"成了现今家长们的座右铭。越来越多的早教机构相继涌现。走到街上，到处都能看到各种早教机构的身影，"英语学习""数学逻辑学习等"，不计其数，让家长眼花缭乱。可价格昂贵的各种早教是否真的能让我们的孩子成为人中龙凤呢?

！孩子有自己的发展脚步

儿童心理学家皮亚杰（Jean Piaget）的认知发展理论（Cognitive-developmental theory）认为孩子的认知和各项能力的发展有着不同的阶段，随着年龄的不断增长，他们才能从一个懵懂无知的小娃娃，长成会思考学习的大孩子。并且孩子的发展阶段受到了他们生理心理发展的各种限制，并不能通过高强度的训练来达到跨越阶段的结果。

如果忽视孩子的发展阶段，给孩子学习超越他们认知能力的知识，孩子不但从中得不到锻炼和提高，还会损害他们的自尊心。孩子年龄虽然不大，但他们是有自我意识的小个体，他们会有自己的自我定位，也会有自尊。而处于认知能力发展中的孩子，他们的自我定位以及自尊心也是不断发展的，并且会根据他们身处的环境和成长的经历不断改变。如果，孩子长期遭受学习上的挫折，并且，爸爸妈妈没有给予正确的心理指导，那么这种高压力会造成孩子的低自尊。而不健康的低自尊会影响到孩子将来的一生。让他们觉得自己是没有价值，甚至是无用的人，这种歪曲的自我定位会影响孩子学习生活等各个方面。

皮亚杰认知发展理论

1～2岁：通过身体来认识周围的世界。

2～7岁：以自我为中心。

7～12岁：摆脱自我中心，能从多方面观察世界。

12岁以后：具有抽象思维和假设。

! 孩子有自己
的学习方式

　　孩子不但有他们自己的发展脚步，也有着他们独特的学习方式。与成人不同的是，孩子的学习基本来自生活中，来自于同实体事物之间的接触，像植物、动物、物品，都能让孩子从中学习到东西。比如，我们的孩子最早学习颜色，并不是从识字卡上认识"红"这个字，而是从妈妈给的苹果，或者从孩子自己身上穿着的红色衣服认识的。不仅通过听觉和视觉，触觉、嗅觉也都是孩子学习的通道。**这也和孩子的认知发展有关，因为孩子更适合具象的学习方式，也就是从实物中学习知识。**例如，孩子的逻辑能力首先是在实体物品中建立的，之后他们才能慢慢地

具象的学习方式

具体实物　　　　　　　　建立逻辑能力　　　　　　　建立抽象逻辑

了解我们通过语言描述的抽象逻辑。因此，在我们看来是孩子的玩闹，其实都是他们学习的过程。并且，这样的学习方式是孩子在课堂上学习不到的。孩子对新知识是十分渴求的，但是，如果没有根据孩子学习知识的特色，使用不合适的方式来传授知识，反而会影响孩子获取知识的热情。

可孩子的大脑确实有很多可以开发的方向，也并非所有的早教都需要被禁止。我们可以根据孩子的特点有针对性地进行教育来提高孩子的能力。比如相比照本宣科，孩子更适合从玩耍和探索中学到新的知识，那么我们就可以在玩耍中适当地加入适合孩子学习的内容。如果我们想要让孩子学习某个英语单词，与其不断简单重复地让孩子去记，不如在生活中使用这个单词，用实物或游戏的方式让孩子自然而然地记住。

结语

结语

● 著名的蒙特梭利教学法就是特别好地把握了孩子的特点，从真正开发孩子的潜能出发。而在市场经济催动下的早教，则需要家长的认真甄别，并不能根据一个标题来定义，哪一种才是真正能提升素质，开发孩子潜能的早教。

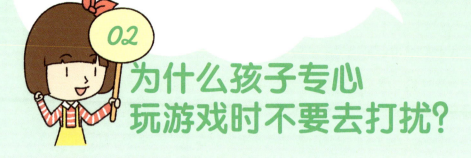

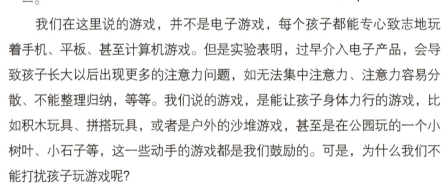

我们总说自己的孩子是一种神奇的小生物,但我们的家长又何尝不是。孩子在家胡闹时,我们觉得特别烦躁,而孩子离家在外时,我们又觉得格外想念。孩子时常来骚扰时,我们寻求清静一刻,但孩子专心玩耍时,我们却总是想去嘘寒问暖或者总是想去指点一二。

我们在这里说的游戏,并不是电子游戏,每个孩子都能专心致志地玩着手机、平板、甚至计算机游戏。但是实验表明,过早介入电子产品,会导致孩子长大以后出现更多的注意力问题,如无法集中注意力、注意力容易分散、不能整理归纳,等等。我们说的游戏,是能让孩子身体力行的游戏,比如积木玩具、拼搭玩具,或者是户外的沙堆游戏,甚至是在公园玩的一个小树叶、小石子等,这一些动手的游戏都是我们鼓励的。可是,为什么我们不能打扰孩子玩游戏呢?

孩子的注意力 是需要训练的

注意力时长(Attention Span)是指我们能够不分心地专注于一个任务所花的时间。心理学家认为,注意力时长是我们能够成功达到目标的一个重要因素，能够长时间专注做一件事情，也是对我们特别重要的一种能力。**注意力时长会随着孩子年龄的增长而增加，越小的孩子，注意力时长越短。**一般来说健康成年人的注意力时长在20分钟左右，而小宝宝的注意力时长可能只有几秒钟。

我们的注意力十分脆弱，很容易被打断，比如，生理因素（饥饿、口渴、排泄需求等），心理因素（情绪、疲劳等），环境因素（噪声、光线等）。并且，当我们的一个注意力时长结束以后，我们会休息片刻，做一些活动，然后换做关注其他的事物，或者重新把注意力放在之前关注的任务上面。我们会觉得有时候专心做一件事的时间远远超过注意力时长的20分钟，那是因为，我们成人的大脑在短暂休息后，又重新

孩子注意力时长的增加

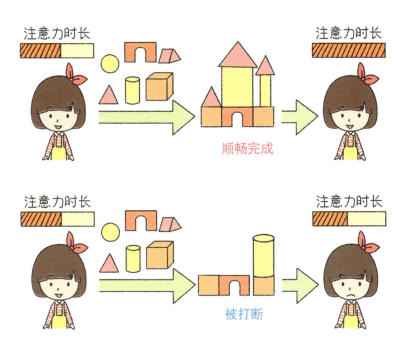

关注到原来的任务上面，这也是我们注意力的一种重要的能力。而小孩子，却可能因为注意力转移而很难再集中到原来的任务上去。

当孩子在做一件他们觉得有趣的事情，或者他们自己想要做的事情时，他们的注意力时长就会增加。**同时，如果孩子能够在做事情的期间，体验十分顺畅的感觉，那么他们的注意力时长也会增加。**因此，当孩子在专心致志地玩着他喜欢的积木玩具时，如果家长过去打断，比如，让孩子喝水，或者询问孩子在玩什么，那么孩子就无法顺畅地完成一个完整的任务，与此同时他们原本可以慢慢变长的注意力时长就会中断。而且，孩子的注意力原本就容易转移，如果被家长打断，他们很有可能会更加无法将注意力转回到原来的那个任务上。并且，孩子的注意力如果频繁地被家长打断，那么孩子从家长的行为中学习到的就是：我可以不用一直专心做一件事情，我可以玩一会，喝一会水，说几句话，再玩玩别的。虽然，我们家长并没有在表达这样的意思，但是孩子接收到的信息却是如此。

！我们家长应该
怎么做

观察。其实，无论什么时候，学会先观察我们的孩子是家长需要做的第一件事情。而在注意力这项课题上，我们可以观察孩子是否到了一个注意力的周期，那么在孩子短暂休息的时候，我们可以提醒孩子喝水，加衣等。如果孩子并没有什么紧急的需求，如需要上洗手间之类，我们也可以让孩子自己努力将注意力转回原来的任务中。

放手。让孩子提高注意力的关键是孩子需要对所从事的任务有出自内心的动机，比如，让孩子选择他们自己想要玩的玩具。对于自己感兴趣或者想要做的事情，孩子的注意力就会相应地增加，而且，当孩子能够成功地完成一项任务时，他们的注意力也会加长。如果家长总是想要孩子挑战高难度的任务，那么孩子的注意力也无法得到训练，因为当孩子在频繁地受到挑战或遇到挫折时，他们的注意力时长都会相应变短。

家长应该做什么

先观察孩子。

让孩子做他们感兴趣的事。

结语

结语

●我们家长不必时刻将孩子的事情作为自己生活的全部重心。特别是孩子有私人空间的时候，让孩子保留自己的私人空间，不但对孩子的注意力十分的有帮助，对孩子的学习能力也有很大的益处。

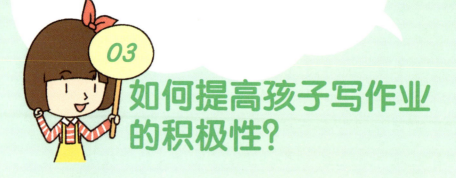

如何提高孩子写作业的积极性?

03

作业是孩子学习中一项非常重要的任务。作业能帮助孩子巩固一天在学校学习到的知识,加强记忆,也能帮助孩子更好地接收之后的新知识。但是作业并不总是非常有趣的,我们家长怎样才能让孩子更好地完成作业呢?

! 鼓励而不是惩罚

孩子作业的成果很重要,但是孩子完成作业的体验也同样重要。在轻松愉快的体验中完成作业,才能让孩子在以后做作业时,更积极更主动。教育的方式有很多,但最根本的两种就是对正确的行为进行鼓励,或者对不正确的行为进行惩罚。虽然,这两种方式在短期内都会达成相似的结果,但是从长远来看,惩罚一定不是一种好的方式。对孩子正确的行为进行鼓励,能让孩子更积极对待做作业,而且也能更有自信去面对下一次的困难。而惩罚的方式,虽然能让孩子下一次不再有不合适的行为。但是,惩罚给孩子带去的消极情绪,对孩子的记忆力、学习都是不利的。还会让孩子在下一次做作业时,联想到之前不愉快的经历,而无法顺利、积极地完成作业,也很难从作业中学习到东西。

❗ 鼓励孩子的努力和独立

心理学归因理论认为，不同的归因方式会给孩子带去不同的世界。我们不同的鼓励方式，会让孩子对自己的学业也有不同的归因。**当孩子在作业中表现优异的时候，我们应该鼓励孩子努力的过程，而不是鼓励孩子聪慧的天资。**当我们鼓励孩子努力的时候，孩子会将自己学业的成功归因为自己的努力。努力是孩子可以通过后天改变的，那么在下一次做作业时，孩子就会更努力以求达到更好的结果。在遇到困难时，他们也会知道努力可以帮助他们克服难关。相反，当我们鼓励孩子聪慧的时候，孩子会将自己学业的成功归因为自己的智商。而智商是孩子无法改变的先天因素，因此，在遇到困难时，孩子会觉得自己无法改变现状而放弃努力。

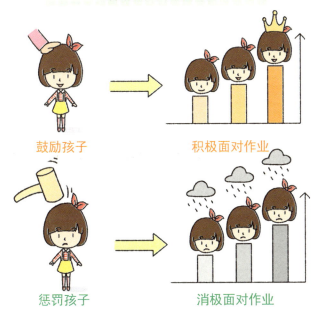

鼓励而不是惩罚

鼓励孩子 → 积极面对作业

惩罚孩子 → 消极面对作业

！给孩子休息
！的时间

我们的身体会因为长时间从事活动而感到疲劳，我们的大脑也是一样。长时间的学习，也会让我们的大脑感到疲劳，通过适当的休息能够让孩子在接下来的学习中注意力更集中。所谓磨刀不误砍柴工，心理学研究也发现，孩子在短暂的玩耍以后，更能将注意力集中在他们的功课上。当然，研究也指出，短暂的休息时间才能让孩子更好地集中注意力在学业上，比如10到20分钟，而过长的休息时间反而会有相反的效果，比如30分钟以上。

！关注孩子周边
！的环境

让孩子在做作业前保持良好的状态。孩子如果饿了、困了，他们的注意力时间都会减少，而且，当孩子有情绪时，比如焦虑、伤心等，他们的注意力时间也会减少。**因此，在做作业时训孩子一顿并不是明智的做法。**想要让孩子更积极主动，并且能够集中注意力，高质量地完成作业，就要保证孩子有良好的身体和精神状态。

不要有过多分心的物品。孩子的注意力十分容易就分散到周围的事物上，比如桌上一个可爱的小摆件、身边大人说话的声音、或者电视中播放的音乐等。周围的环境越是有趣，孩子对作业的兴趣也就越低。想要让孩子能够集中注意力，更积极地做好他们的作业，也必须要尽量减少周围环境对他们的干扰。

提高孩子写作业积极性的方法

鼓励孩子努力的过程。

给孩子休息的时间。

关注孩子周围的环境。

结语

结语

●我们家长小时候在做作业中经历过的痛苦，一定不希望孩子也同样经历，因此，使用正确的方式让孩子轻松愉快、保质保量地完成作业，是我们都应该努力去尝试的。

04 为什么孩子学东西会三分钟热度？

今天还兴致勃勃，旨在拿下钢琴十级，明天又觉得钢琴学起来枯燥无味想要改学小提琴，学东西三分钟热度，是不是很多小孩都是如此呢。老实说，作者在小的时候也有这种陋习，学习了电子琴、琵琶、书法等，但是到现在却没有一样拿得出手的特长，也是因为不能持续好好学习的缘故。反思一下自己，孩子之所以学东西总是三分钟热度，可能是因为以下这些心理原因。

! 人类学习的特性

心理学将学习定义为：通过长时间的某些经历，不断强化来改变我们的行为。虽然定义有些轻描淡写，但是从现实操作来看，想要改变行为，是需要通过长期的练习和强化的。这种练习可以是生理上的，比如弹琴需要不断地练习指法，让手部肌肉学会在各个键盘间快速移动；也可以是心理上的，比如学习英语，需要不断地记忆单词和句式。而这样的练习往往是枯燥、单调的，因为人们需要通过这种简单重复的方式，才能形成自动化加工。形成自动化加工以后，完成某项任务就不再需要占用过多的心理认知资源，可以在遇到类似状况时，做出最快速的反应。以学习开车为例，刚刚学会开车的新手司机，需要全神贯注地驾驶，在遇到突发状况时，还要思考片刻，甚至要询问他人后，才能做出正确的反应。而开车很多年的老司机，不但可以一边开车一边说话（我们并不鼓励这种行为），遇到状况时及时处理，甚至还可以预判一些情况的发生。这种学习的进步都是从一天又一天简单重复开车这项行为中得到的。**因此，并不是孩子只有三分钟热度，而是学习不总是那么新鲜有趣。**

但是，我们的孩子往往抱着新鲜好奇的心态去学习一项新技能，他们并不能预想到后面的学习需要花费自己大量的精力、时间和巨大的耐

人类学习的天性

学习新事物

不断重复
冗长无趣

变成自己
的东西

心去完成。因此，当枯燥的简单练习不能得到即时的效果时，孩子就会想要放弃，又去尝试另一样新鲜的东西。这时候就需要我们家长教会孩子什么是耐心和毅力，这些也是孩子学习的一部分，并不是孩子天生就能够做到坚持不懈。

！没有了奖励的结果

我们的行为都是由动机触发的，因为某些动机，所以我们做出某些行为。心理学把动机分为内在动机和外在动机。孩子的学习也一样是某些动机的结果，但是不同的动机会让孩子的学习朝着完全不一样的方向发展。如果孩子是以自身的兴趣为动机来学习，那么在一段时间后，新鲜感消逝，而学习的瓶颈阻挠着孩子的学习进步，这时候内在动机的强大驱动力就有可能帮助孩子克服这些困难，突破难关。但是，如果孩子的学习动机出自于家长，也就是外在动机。比如，在孩子学习初期，家长总是因为孩子取得的一些小进步而给予奖励，久而久之，孩子就会为了得到奖励而学习。心理学研究确实发现，过多的外在动机会削弱内在动机的力量。并且，家长也不可能一直给孩子奖励，起初的小进步，到后来也渐渐变得不那么特别，不值得获得奖励。孩子能获得的奖励越来越少，他们自然会觉得学习没有了动力，从而觉得不再想要继续学习。**因此，我们家长要努力克制自己想要孩子学习的渴求心，让孩子发现自己的兴趣所在。**

没有奖励的结果

进步了有奖励，孩子会更积极。

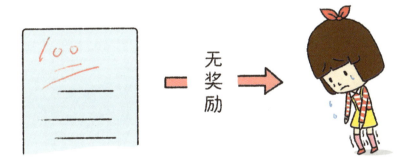

进步了没有奖励，孩子会越来越没动力。

结语

结语

●孩子是一个独立的个体，我们不应该过分奢求他们长成我们想要他们成为的样子。另外，在保持孩子真心的同时，给他们相应的帮助和指导，让孩子了解学习中会遇到的瓶颈和困难，努力战胜它们，这样才能让孩子更有效地学习。

为什么对孩子的兴趣学习不能过分干扰?

前不久的某部热播剧中，高中生小主人公因为喜欢写作，在网络上写小说，而耽误了自己的学习和休息。她的父母大发雷霆，禁止孩子再进行这项课余活动，孩子因为懊恼而顶撞家长甚至离家出走。

其实，这种场景并不仅仅在电视中出现，我们身边也不乏有这样的例子。因为课业，有多少孩子被迫放弃了自己的兴趣爱好。并且，在孩子被迫放弃兴趣爱好的同时，他们的一些其他特质也同样被剥夺了，比如，他们的自信心。

！孩子需要被尊重

孩子并不是生来就懂得尊重的真谛，孩子对尊重的懂得与了解来自爸爸妈妈给予他们的尊重。只有爸爸妈妈尊重自己的孩子，孩子才能学会首先尊重自己，然后再去尊重他人。

在社会生活中尊重别人固然重要，但是，首先尊重自己却更是必要的。孩子只有在尊重自己的前提下，才会有健康的价值观，他们才会认为自己是有价值的人。简而言之，这样的孩子才会更自信地做自己，也才能更自信地做事情和进行社交活动。研究表明，不会尊重自己的孩子，会更容易出现行为问题，比如酗酒、吸烟、男女关系混乱等。而尊重自己的孩子会成长得更健康、更成功，也会更尊重别人和为他人着想，同时他们也会更尊重家长，并且更能听取家长的教导。

孩子是父母的希望，因此，每个家长都希望自己的孩子能够成为一个更好、更成功的人。有时候家长带孩子参加兴趣小组或者辅导班，更多考虑的是孩子的未来和是否有用，但孩子想要参与兴趣小组的动机完全来自于自己是否喜欢。**当家长用自己的评判标准干涉孩子兴趣的时候，孩子就算违背心愿听从了家长的建议，他们也还是会感受到自己的兴趣没有得到尊重。**

孩子需要被尊重

尊重孩子　　　　　　尊重自己

尊重他人

！孩子有自己的世界

心理学研究发现，其实特别小的婴儿也能分辨出自己的同伴，6个月以上的婴儿就能通过微笑、触摸和使用婴儿语言与自己的同伴进行交流。除了爸爸妈妈和其他家庭成员之外，小宝宝也需要和自己的同伴进行社交活动，他们能通过和同伴的社交学会一些情绪处理和逻辑关系，其中有一些是同龄人才能相互了解，而我们家长无法给予的。和自己的同龄人进行交往，也能帮助孩子建立自己的个人意识和群体意识，让孩子成为更好的自己，并能在将来更好地适应社会生活。

孩子有自己的世界

有自己的兴趣爱好

有自己的社交圈

　　我们成年人交朋友的很大的动机是意趣相投，其实孩子也一样。他们也会因为各自相同的兴趣爱好，组成自己的朋友圈。而孩子自己的社交圈对他们的成长也是非常必要的。

　　能够通过自己的兴趣爱好融入到孩子自己的小团体中，对孩子来说是一件好事。被自己的同伴认可，能够很好地帮助孩子建立自信心。如果能够在自己的小团体中担当一份职责，或者出一份自己的力，就能够让孩子更有自信和自豪感。如果家长强行干预孩子的兴趣爱好，让孩子脱离自己的小团体，挫败孩子的自信是毋庸置疑的。并且，心理学认为，童年时期的社交关系还会影响他们成长以后的社交关系。如果说，当孩子进入青少年时期以后，家长很难再干预孩子的社交关系，那么在孩子的童年甚至婴幼儿时期，帮助孩子建立健康的社交关系，也是我们给孩子将来一生送去的一份礼物。

结语

结语

●因此，并不是管得越多、教得越多，孩子就会成长得越好。有很多时候，孩子需要自己的天地，需要自己的朋友，我们家长要学会适时放手，才能让孩子更好地飞翔。

过高的胜负欲会让
孩子失去学习的乐趣?

离开校园生活许久，也不知道现在的学校是不是还会使用排名次的方式来做一个学期的期末总结。小时候每到期末考试揭晓，让人担惊受怕的不仅是自己的得分是多少，更是自己的排名，甚至是邻居家的孩子考了多少分。生活在一个社会大环境下，自己难免会和别人进行比较，家长也总是对比自己的孩子和别人家的孩子。俗话说的人上人，不也是比较中得来的么？但是，如此迫切地想要赢，对孩子的学习并不真的有帮助。

社会比较会打击
孩子的自尊心

社会比较（Social Comparison）是我们作为社会人的一种本能，想要在我们生活的社会中找到自己合适的定位，就需要通过和别人进行比较来实现。通过比较，我们可以知道自己的行为是否合适和规范，在一定程度上，也可以知道自己的价值和地位。社会比较也能帮助我们更好地认识自己在一个社会中的各种属性。我们进行社会比较的主要目的是自我评价（Self-evaluation）和自我提高（Self-enhancement）。

社会比较的行为从本质上看无可厚非，孩子可以通过和比自己优秀的孩子进行比较，学会激励自己，让自己更进一步。但是，如果一味追求要赢过别的孩子，要在比较中拔得头筹，就可能会对孩子的学习起到反向效果。孩子的学习是一个长期的过程。在长达几年，甚至十几年的学习中，成绩一定会出现起伏，当孩子在考试中失利的时候，和比他考得更优秀的孩子比较，会大大挫伤孩子的自尊心。因为对于孩子来说，考试失利本来就会损伤自尊心，和比他优秀的人比较就是雪上加霜了，对孩子重整旗鼓是没有帮助的。有的家长或许会认为，在孩子失利时让孩子和比他优秀的人比较会激励孩子。**但是，心理学认为，在孩子失利的情况下向上比较，只会让孩子的自尊心受损，也可能会给孩子之后的学习生活带来非常不好的影响。**

高胜负欲的孩子

孩子的胜负欲越大，压力也就越大。

！外部动机让孩子
忘记学习本身的乐趣

过高的输赢心不但会损害孩子的自尊心，还会让孩子忘记了学习本身带来的乐趣。在美国有一个从读书以来一直得全A的女学生，在全家人都以她为傲的时候，她却向媒体透露自己生活在巨大的压力中。为了保持住全A的记录，她每天都在超负荷地学习，甚至已经影响到她正常的睡眠和进食等日常生活，她不再能体会到得A带来得自豪感，却只感受到害怕得不到A的巨大压力。这显然是一个极端的例子，但是过高的胜负心，让孩子感到压力重重是一种必然的心理现象。并且，让孩子感到压力的并不是学习本身，也不是孩子无法学会某些知识，而是所获得的名次和成绩。名次和成绩是学习的一种副产品，应该是帮助孩子衡量学习的成果，而不应该鸠占鹊巢，成了孩子学习的目的。一旦孩子将学习成绩这种外部动机作为自己学习的动力，那么孩子就会越来越无法体会到学习知识本身带来的满足感。

结 语

结语

● 或许在我们成年人的竞争中有很多时候以结果胜败论输赢，又或许我们的经济收入都与之息息相关。但是，在孩子的学习中，他们最应该学会的是学习知识的能力和兴趣。只有学会了这些，孩子才能在将来的学习中永恒地保持动力，做到终身学习及进步。想要孩子做到这些，我们家长首先要放弃的就是自己的功利心。

07

电子学习工具真的有助于孩子的学习吗?

随着电子科技的日益发展,现在我们的日常生活已经完全无法脱离电子产品。网络上也有戏言说马斯洛需求理论中,人们现在的底层需求是对Wi-Fi无线网络的需求。马斯洛需求理论认为,人们最底层的需求是生理需求,也就是吃饱、穿暖。马斯洛需求理论还认为,只有当下一层需求被满足时,人们才会追求上一层的需求。虽然将Wi-Fi需求说成是人们的底层需求是一种玩笑和夸张的说法,可是也足以显示,现在人们对网络和电子产品的依赖早已不只是辅助人们的生活而已。

现在的孩子两三岁就能熟练地操作手机,平板电脑,他们或是会玩各种游戏,或是看动画和各种视频。我们当年学习时用到的复读机和电子辞典也早已升级换代到各种学习的APP客户端和网站等。无论是当年还是现今,这些电子学习工具到底有没有帮助到孩子的学习呢?

❗ 电子产品对于小宝宝的影响

在小宝宝的眼里,这个世界简单分成两种,对他的行为有回应的和对他的行为没有回应的。而小宝宝学习的来源只是对他的行为有回应的那一部分。因此，每当爸爸妈妈对小宝宝的一个动作有所反应时，小宝宝总是能从中学到东西，也慢慢建立对世界的认识。而对宝宝行为没有回应的东西对他的学习是无用的。比如，动画片，就算是有教育意义的动画片，说的唱的都是一些有用的道理，但是这种单一输出的方式并不能让宝宝学习到太多东西。**相反，这种高强度的声光刺激还会对宝宝产生不利的影响，研究表明，过早接触电视、计算机的孩子更容易出现注意力缺陷多动障碍（ADHD）和社交障碍等问题。**因此，美国儿科医生建议，两岁以下的孩子应该避免接触一切电视、计算机等电子产品。因为，电子产品对宝宝的伤害不仅仅是视力那一点。

！电子产品对于孩子学习的影响

然而，对于在学习的学生来说，电子产品也在损害着他们的注意力。心理学研究表明，电子产品让我们注意时长变得越来越短。当孩子在使用电子产品的时候，看起来他们特别专注，但其实他们的注意力在同一个页面上，或者多个页面上不断跳动着。而当他们需要静下心来认真听一堂课，或者看一本书的时候，他们却很难将注意力集中起来，因为他们已经习惯了浏览电子产品页面内容的注意力方式。心理学家将这种注意力方式叫作超聚焦（Hyper Focus），这种注意力的方式让孩子将注意力特别集中在某一个狭小的物体上，而完全忽略了周围的其他物品。但是，在学习中，孩子需要的是有意聚焦（Intentional Focus）的注意力方式。拥有这种注意力的孩子，清楚地知道自己需要注意的目标，并且能在注意力分散时将自己的注意力拉回正道上。遗憾的是，长时间地使用电子产品，会让孩子渐渐失去有意聚焦的注意力方式。而各种身体力行的活动却对有意聚焦的训练是十分有利的。

超聚焦与有意聚焦

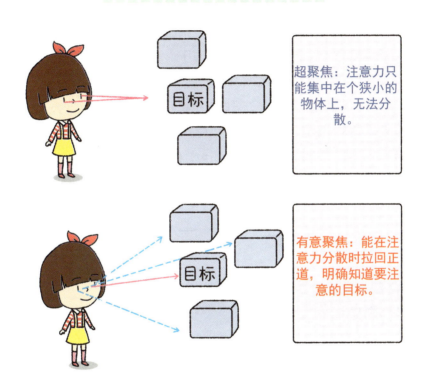

超聚焦：注意力只能集中在个狭小的物体上，无法分散。

有意聚焦：能在注意力分散时拉回正道，明确知道要注意的目标。

结语

结语

● 电子学习产品也许有它们的优势，比如，快速搜索各类信息，远程学习一些知识。但是，对于培养孩子学习能力和方式方面并没有太多优势。想要孩子好好学习课堂知识，还是传统的言传身教更加有效。

08

鲜艳的颜色更容易
让孩子的注意力集中?

缤纷的颜色无论源于自然，还是源于人工，都对我们有着很大的影响。颜色是一种电磁能量（Electro Magnetic），因为不同的波长，可以影响我们的生理，比如我们的皮肤、器官，甚至大脑。同时，颜色也影响着我们的心理，比如我们的情绪、行为，以及我们的注意力。并且，颜色对孩子的影响远比我们想象的要大得多。

！色彩对人类有
天然的吸引力

在人类的大脑中，对颜色的信息处理有自己的区域，视觉关联皮层（Visual Association Cortex）处理颜色的区域也同时识别动作、形状，等等。在我们看到物体的时候，这些信息都会被优先处理。从人类的进化来看，识别颜色是我们的一种生存需求。不论是动物还是植物，都有着自己的颜色，在一定程度上以此来区分各种不同的种类。同样是蘑菇，大家一定都知道鲜艳颜色的有毒，而平淡颜色的无毒。因此，优先识别物体的颜色，也直接影响到人类在自然界是否能躲避危险，生存下去。

在现代的生活中，也有很多的设计根据了人们对颜色的识别能力。

比如，在红绿灯的设计中，红灯表示停止，那是因为红色能快速抓住人们的注意力，能够最快速地起到警示作用。

！颜色影响孩子的
！各个方面

因为颜色在我们的进化过程中如此重要，所以颜色对大脑的刺激也是可想而知的。我们接收信息是通过视觉、听觉、触觉、嗅觉和味觉这些感官功能，其中视觉、听觉是我们平时使用最频繁的，也是接收信息进行学习的通道，而颜色在视觉中又是非常重要的一部分。有研究表明，我们在看一种物品的时候，大脑最先接收到的信息就是颜色。**孩子的大脑对各种颜色的反应也特别强烈，运用各种颜色能够迅速吸引孩子的注意力，帮助孩子更好地学习和记忆。**心理学家通过实验发现，使用色彩组合的演讲能更好地促进学生的注意力和记忆力的提升。但他们同时也指出，颜色的组合方式对注意力和记忆力的影响不可小觑，暖色调的组合，如黄、红、橙就更能吸引人们的注意力，而冷色调的组合，如棕、灰对集中注意力的作用就要小得多。同时，高对比的颜色组合也能更好地吸引孩子的注意力。

其实，颜色对孩子的帮助还有很多。研究表明，人们识别彩色物体比识别黑白物体要更快，并且，彩色还能帮助提高我们的记忆力。但是，前提是这里的彩色需要与大自然的颜色相对应的真实彩色，比如绿色的树叶、红色的花。从人类的进化来看，这也是我们生存的需要，记忆大自然中的各种色彩，有助于人类在大自然中熟悉环境，寻找路线等。

不仅仅是鲜艳的颜色对我们的大脑有强烈的刺激，不同的颜色也有它们各自的功效。比如，有研究发现，学生在注视绿色背景以后，他们的注意力时长有明显地增加。心理学家认为绿色有能够让我们的大脑充电的功能。再比如，黄色能够缓解人们的紧张情绪，等等。

颜色的作用

黄 红 橙 ：吸引人们的注意力。

绿 ：增加注意力时长，给大脑充电。

黄 ：缓解人们的紧张情绪.

一起讨论你感兴趣的话题吧！

关于孩子的学习问题我们需要注意很多方面，既不能给孩子太大的压力，又不能让孩子对学习太过自我放任。如何平衡，就靠我们各位家长具体情况具体分析了。

如果有其他关于孩子学习的问题，也可以扫描左边的二维码，进入讨论群，和其他的爸爸妈妈、育儿专家们一起讨论育儿方法。

第 7 章

帮妈妈解决
关于"二孩"的顾虑

第一次做妈妈时，总是会慌乱地查阅各种育儿大典，
而当我们有了第二个孩子之后，心里想着这回应该会轻松一点了，
但是现实却告诉我们并没有那么简单。

生小宝也要问大宝的意见

“二胎”时代已经全面到来，我们这群独生子女现在又担上了生育“二胎”的重任。一个陌生的“二胎”时代，对于爸妈来说需要很长的心理适应期，而家中的那个大宝，面对一个突然降临的小婴儿，也需要重新适应。

表示对大宝的尊重

孩子是家中的一位成员，即使还是个不能有着完善的逻辑思维，或者处事能力的小朋友，他们也一样需要家长的认同，一样希望自己在家中是一个有影响力的人。

在家里即将要增加一名新成员时，爸爸妈妈询问大宝的意见，是给他以认同感的最佳机会。孩子需要被认同，也需要被尊重。虽然，孩子的意见无法完全左右父母的决定，但是让孩子参与到家庭大事件的决策中，给予孩子极大的认同感，会让他们觉得自己在这个家庭中很重要。得到家长的认同对孩子有着尤其重要的作用。**比起同伴的认同，幼儿园老师的认同，作为孩子最依赖、最亲密的家长给予的认同，更能让他们有健康的自我认同感和自我意识。**这是孩子发展自尊心和能够正确地自

我定位，以及衡量自我价值的起点，对他们将来的生活有着重要的意义。同样地，家长尊重孩子的行为也能让孩子们学会尊重自己。心理学认为只有尊重自己的孩子，他们才会在以后尊重他人，也才会拥有更健康的社会关系。

！让大宝做好各种心理调节

我想每个家长都会问自己的大宝，"妈妈给你生一个妹妹或者弟弟好么？"这个询问大宝的过程，重要的不是得到孩子的许可，而是在这个过程中让孩子做好迎接新成员的心理准备。对于家庭结构的变化，爸爸妈妈不仅需要自己做好心理调适，而其实，最需要做好心理准备的是家中的孩子。相比家长，孩子做心理准备的过程需要得到家长的各种协助。

如果家中有一个喜欢小婴儿的大宝，那么你是幸运的。但是，如果大宝拒绝要一个弟弟或者妹妹，我们也并不需要惊讶和责备，因为这是孩子对于一个新情况的正常反应。家长首先要调整好自己的心态，认可孩子这种不想接受弟弟或妹妹的心理，我们要知道这并不是孩子自私的表现。因为，其实家长也并不知道当家庭成员扩大到四个人以后，整个家庭状况会有怎么样的改变，那么对于孩子来说，将来更是一团迷雾。因此，孩子在此时对于这种未知的新状况表示拒绝，并不是孩子在讨厌将要到来的弟弟或者妹妹，而是他们希望保持现状的一种心理状态。

妈妈可以在怀胎十月的这段时间尽情享受和大宝单独相处的最后时

光，同时也可以让大宝用这几个月的时间来慢慢接受这个将要到来的新生命。妈妈应该尽可能多地和大宝分享肚中宝宝成长的每一个瞬间，当大宝对这个小宝宝有了越来越多的认识，他也会对这个弟弟或者妹妹有了更多的喜爱之情。喜欢自己熟悉的东西，这是我们人类的一种正常的心理。**因此，如果害怕大宝会拒绝父母要一个小宝，那么对孩子有所隐瞒并不是明智的做法，相反，越早让大宝知晓家中即将到来的变化，大宝适应得越好。**

大宝的自我认同感

大宝的自我认同感

让孩子参与到家庭大事件的决策中，给了孩子很大的认同感。

结语

结语

● "二胎"的到来，并不简单地只是多一个人吃饭，多一双碗筷而已。新家庭结构的心理建设需要我们家长和大宝共同努力，庆幸的是我们都有九个多月的时间去慢慢学习和适应一个新的"二胎"时代。

有了弟弟妹妹
妈妈就会不再爱我了?

教育分为家庭教育、学校教育和环境教育三个部分。我们都知道家庭教育十分重要，那么环境教育也是一样。小时候背过三字经的我们应该都知道孟母三迁的故事，孟母大费周章的搬迁为的就是给孩子一个好的环境教育。"有了弟弟妹妹，妈妈就会不再爱我了。"这种话一开始可能并不来源于孩子的口中，有不少喜欢逗孩子的亲戚朋友可能也会对孩子说出这样的话。一句大人的无心之语，在孩子的理解中就是一种事实。特别是对于三岁左右的孩子，他们并不知道戏言和事实的区别，也十分信任大人说的每一句话。家长如果不想让孩子有这样的想法，首先要注意的是身边人的言语和自己的措辞。

！给予孩子足够
！的爱

每一个家长都是爱孩子的，但是各个家长爱孩子的方式可能不尽相同，那么孩子感受到的爱也就有着他们自己的理解。==我们家长可以做的不是等到二宝降临以后，和大宝不断地解释爸爸妈妈依然爱你的事实，而是需要从大宝降临的那一天起就开始毫无保留地爱他。==

心理学依恋理论认为，孩子需要和家长保持健康的依恋关系，这种依恋关系来自孩子出生以后与家长相处的每一个瞬间，可以是孩子刚出生以后爸爸妈妈对孩子的爱抚，也可以是孩子在成长过程中爸爸妈妈和孩子的交流与互动，还可以是孩子在出现分离焦虑时爸爸妈妈给予孩子的足够的爱和信任。因此，建立健康、强烈的依恋关系是妈妈和爸爸一直的努力。而当家中有了新成员，大宝不得不过上更独立的生活时，依恋关系强烈的孩子才能够更好地适应那样的生活。心理学认为依恋关系强烈的孩子，在内心深处知道爸爸妈妈会一直爱自己，即使妈妈现在需要喂养小宝宝而短暂地离开自己也没有关系。而依恋关系弱的孩子却在妈妈有了小宝宝而疏忽了自己时感到格外的焦虑。

给孩子足够的爱

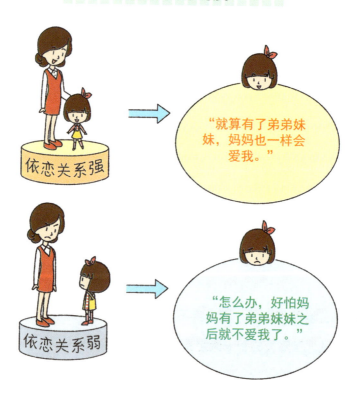

依恋关系强

"就算有了弟弟妹妹，妈妈也一样会爱我。"

依恋关系弱

"怎么办，好怕妈妈有了弟弟妹妹之后就不爱我了。"

如何应对孩子的嫉妒心理

当然，没有完美的家长，也没有完美的小孩。如果大宝出现了嫉妒二宝的心理也是人之常情。人类对于资源有着天生的占有欲望，想要拥有和囤积资源这一心理来自于我们进化中需要生存下来的巨大动机。因此，当二宝降临，意味着大宝本来独自享有的资源需要被分享，大宝因此对二宝表现出一些嫉妒情绪也是正常的现象。

如何面对大宝的嫉妒情绪

帮大宝接受自己的情绪。

帮大宝认同自己的情绪。

爸爸妈妈也要做到资源分配平等。

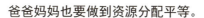

　　这种嫉妒情绪可以是大宝认为自己不可共享的资源被弟弟妹妹占据时的攻击性情绪，也可以是当大宝感觉新出生的婴儿占有了自己应有的地位时而出现的负面情绪。无论是哪种情况的嫉妒情绪，都是在家中出现一个新成员时，孩子会表现出的正常心理。嫉妒情绪是一种心理现象，无可厚非，但是因为嫉妒而做出一些伤害性的行为，就需要我们家长关注了。如果家长因为家中出现的新成员而忽视大宝情绪上的变化，那么大宝就很有可能会认为这是爸爸妈妈不再爱自己的表现，或者认为这是弟弟妹妹的错。**因此，当家长观察到孩子出现嫉妒情绪的时候，首先要帮助孩子接受和认同自己出现的负面情绪，并且帮助孩子使用正确的方式去处理。**比如，不要将大宝所有的资源都分享给二宝，或者可以尝试将资源平分，避免大宝产生太多的失落感，从而减少嫉妒心理的出现。

结 语

结语

● 虽然说，家长很难在两个孩子之间做到完全平等对待。但是，我们可以给予孩子足够的关注，让孩子觉得我们一直爱他们。这并不一定需要过多地投入物质资源，而只需要爸爸妈妈随时的关怀和情绪的安慰，这是每个父母都可以通过自己的努力达到的。

03 小宝出生后要对大宝更上心

在美国，有不少家庭当新生儿出生时，爸爸妈妈会给大宝送去一件大礼物，并告诉他，这是小宝送给你的礼物哦。虽然这是一个容易实现的小举动，却足以看出爸爸妈妈对大宝的心思。当家中多了一个新成员时，家长更需要关注我们的大宝宝，以及特别关心大宝的心理变化。

！改变给孩子带去压力

我们的世界充斥了变化，但是人类却喜欢恒定的状态，改变往往让我们感到压力倍增。我们孩子的生活总是会出现这样那样的改变，比如换学校、搬家、失去家庭成员或者增加家庭成员，等等。无论这种改变是好是坏，以及带来的结果怎样，都会给孩子造成压力，而这种压力来自于改变本身。

每当一种新的情况或者环境出现在我们的面前，都需要我们的大脑使用大量的认知资源去处理这些新的信息，这也就是变化给我们的大脑带去的"麻烦"。因此，我们的大脑偏爱熟悉的环境，熟悉的人，这样，我们才可以泰然自若地轻松对待周围的事物，这其实也是人类的天性。当家中突然出现一个新的成员，爸爸妈妈变得异常忙碌，不能像往常一样照顾自己，甚至自己的空间，自己的东西都要被这个新成员征用。这种新的变化让大宝措手不及，对于这个心智还没有发展完善的孩子，这种新的变化可以带去很大的挑战和焦虑情绪。而我们家长如果没有及时观察到孩子情绪上的变化，就会给孩子之后的生活都带来很大的困扰，甚至会影响两个孩子之间的相处。

给孩子带去压力的四个改变

换学校

搬家

失去亲人

增加家庭成员

家长应该怎样帮助孩子

首先，虽然我们对变化十分抗拒，但是心理学认为对于变化，孩子会处理的比成年人好得多。越是年纪大的人，越是难以学习一种新的知识或者适应新的环境。因为他们的大脑有太多的刻板印象和行动范式，而这些刻板印象来自生活中经验的积累。在日常的生活中，刻板印象可以给生活带去很多便利，但是，也有造成学习限制的副作用。孩子的大脑还在不断地发展之中，他们对生活没有过多的预期，这就是他们对于新的变化适应得更好的原因。**因此，只要我们家长可以帮助孩子处理好情绪的变化并给予孩子相应的帮助，他们一定能够适应好小弟弟、小妹妹的到来。**

其次，我们可以提前给孩子建立新的生活习惯，保证孩子不会在小宝宝到来的时候因为过多的变化感到焦虑。比如，在妈妈怀孕的时候，就可以帮助孩子慢慢建立自己吃饭的习惯，或者帮助孩子缩短每天晚上的入睡流程，减少玩耍或者讲故事的时间，也可以改由家中的其他成员来陪大宝入睡。这样，当小宝宝到来以后，大宝也不会感到爸爸妈妈突然没有时间管自己，因为他们已经养成了自己的事情自己做的好习惯。

另外，我们还是需要和大宝有一些独处的时间。当小宝宝诞生以后，妈妈需要哺乳和照顾小宝宝，对大宝更加没有时间加以照顾。但是，妈妈还是应该抽出时间和大宝单独相处，其实，每天十几分钟的单独相处也能安抚大宝的焦虑情绪，不会让大宝觉得妈妈因为小宝宝而疏忽了自己。妈妈可以在家中保持一些以前的生活规律，这也可以帮助大宝适应新生活的大变化。比如，每个周末还是由妈妈带着大宝出去参加活动，或者每天由妈妈陪伴大宝刷牙洗脸，等等。这些看似生活中的小动作，也不需要占用家长过多的时间，却对大宝的心理有诸多的帮助。

如何帮大宝适应变化

相信孩子能很好地处理变化。

帮大宝建立新的生活习惯。

有小宝以后也要和大宝有相处的时间。

结 语

结语

● 新生儿需要家长给予很多的时间和照顾，但是大宝更多需要的是家长对他们心理上的关注。因此，我们家长需要根据两个孩子不同的需求，给予他们不同方面的关注。让我们的大宝能够平稳地度过这个家庭变化的时期。

04 夸奖大宝的时候也要夸奖小宝

家中的两个宝宝慢慢长大，大宝适应了家中有一个弟弟妹妹的事实，小宝也开始牙牙学语。当小宝慢慢长大、断奶，成为独立小个体以后，在家中也渐渐受到了更少的关注。调查发现，在家中，大宝总是那个得到更多关注的人。可是，"二胎"家庭，我们家长在夸奖大宝的同时，也一定不要忽视了那个边上的小家伙。

❗ 夸奖是正确的学习方式

我们人类学习的行为模式简单来说有两种，一种是对错误行为进行惩罚，可以让我们学习到以后不能再有这种错误的行为；另一种是对正确的行为进行奖励，可以让我们学习到之后可以再做这种正确的行为。这两种截然相反的方法虽然都可以用于学习，甚至可以达到近似的学习结果，但是学习的成效却是不同的。研究发现，使用惩罚的方法，确实可以加快学习的效率。同样是小白鼠走迷宫的学习路径过程，因为走错路受到惩罚的小白鼠，比因为走对路得到奖励的小白鼠更快地学会走出迷宫。回想我们教育和被教育的方式，惩罚也占了更高的比例。比如，做错题了罚抄，迟到了罚站。作者小时候老师甚至还使用体罚等方式来帮助学生加深印象。==然而，这些惩罚的教育方式虽可能效果显著，但长远来看并不是我们在教育孩子时应该采用的最佳方法。==

因为对于有情绪的人类，惩罚达不到最好的效果。惩罚给孩子带去的负面情绪，直接影响孩子的记忆力和学习，也让孩子失去学习的主动性。甚至，孩子因为害怕惩罚还可能采取迂回的措施来规避责任，比如，说谎。因此，无论是对大宝还是小宝，夸奖孩子正确的行为，都是家长应该采取的更明智的教育方式。

！"二娃"会进行相互比较

社会比较是我们人类作为社会人的一种天然属性，当家中有了两个孩子的时候，他们之间更是直接建立了天然的对比关系。心理学社会比较理论认为，我们更喜欢和自己相近以及相似的人进行对比，那么亲兄弟姐妹不但在生理属性上特别相似，他们之间物理属性也格外接近，这种情况下的两人就会频繁地互相比较。

当大宝因为某种行为获得奖励以后，没有得到夸奖的小宝就会怅然若失。长此以往会影响小宝对自己在家庭中的定位。一个四口之家是孩子对社会关系最初的认识，与家中成员建立的各种关系和在家中对自己的定位，都会影响孩子将来走入社会以后处理各种社会关系的能力。因此，让孩子在家庭中建立不自卑的自我定位，是帮助他们在成长以后能够成为一个更好的人的基础。

每个孩子都是独立的小个体。在"二胎"家庭中，小宝可能从小就穿大宝不穿的衣服，玩大宝不玩的玩具，这是一个家庭最经济的生活方式。但是对于同样需要自我认同的小宝，他们也有自己的喜恶。**因此，当父母在夸奖小宝时，也应该避免对他们附和地说出"你也很好""你也很棒"之类的话，而是针对小宝的特性，做出独特且适合小宝的夸奖。**

夸奖两个孩子的正确打开方式

爸爸妈妈夸奖其中一个孩子后，也要夸奖另外一个。

结语

结语

● 虽然出自同一对父母，但是，两个孩子可能会有着截然不同的个性。认识自己的孩子，了解自己孩子的个性特征，才能帮助我们父母在日常生活中，针对孩子因材施教。给予孩子想要的夸奖，有时比给予孩子想要的玩具有更好的成效。

05 两个孩子间为何频繁发生冲突?

随着孩子们渐渐长大，"二胎"家庭需要面对的一个大问题就是两个孩子的冲突和争端。无论是一定会打架的兄弟两个，还是一定会争辩的姐妹两个，又或者是看起来应该和平相处的姐弟或兄妹，生活在一个屋檐之下的两个年龄相差不是很大的孩子们，总有一天会进入打打闹闹的阶段。为什么有些本是同根生的亲兄弟姐妹就不能相亲相爱地和平共处呢？

！因为家长的原因

每个孩子都希望得到家长的关注和青睐。

孩子们也是通过家长给予的关注，来定位自己和衡量自己的价值。可是，孩子们并不完全了解哪种才是获得家长关注的正确途径。

我们在这里打个比方，如果某天孩子从学校里拿回一样小手工，正想和爸爸妈妈表达的时候。爸爸妈妈却把注意力集中在把零食撒了一地的弟弟身上。

那么孩子可能就会认为闯祸才是吸引父母关注的捷径，下一次，孩子或许就会通过捣乱、和弟弟打架之类的不友好的行为来试图获取家长的注意力。

其实，当孩子出现争端时，我们家长可以不要过早地介入其中。孩子有他们自己的逻辑和处事方式，同样地，他们也有自己解决问题的方法和能力。

当两个孩子因为一些小事出现争论时，如果我们家长过早地介入其中，还通过我们大人的思维揣测孩子们的用意和诉求，就可能会把孩子们之间的一场小争论升级成大争斗。

有时候在我们看来孩子处理问题的方式可能不那么合乎逻辑和道理，也可能他们处理后的结果在我们看来有些好笑甚至离奇，但是，只要孩子们能够达成共识，这个问题就等同于和平解决了。为什么要用我们成人世界的规则给孩子的纯真世界加上框架呢？

争夺资源。说起争夺资源这种人类本性的问题，当两个孩子发现彼此的资源不对等时，他们就很有可能去争夺一些他们想要的资源。甚至，当两个孩子资源对等的时候，他们也会去争夺对方的资源，毕竟月亮还是他国的圆，孩子也总是拿着手里的，眼馋锅里的。

和我们成年人不同的是，孩子眼中的资源可能并不完全是物质资源，玩具或食物可以是孩子争夺的资源，家长的宠爱和关注也可以是孩子力争的资源。比如，我们家长有时一个不经意的牵手或者拥抱，也要注意平均分配给两个孩子，不然也可能会引起他们之间的一场争斗。

当然，孩子们相互争斗的原因还有很多，甚至家长长期的焦虑情绪也会导致孩子之间的相互争斗。**因此，有两个孩子的家庭，父母不是不可以松一口气，而是需要更加注意自己的言行，以及自己的情绪。**

❗因为孩子自己的原因

　　孩子的自我意识。孩子们在成长的过程中都急切地希望证明自己是一个独立的小个体，独立于他们的父母，更是要独立于他们的兄弟姐妹。孩子会表达各自的喜好和厌恶，甚至会通过特立独行的方式来证明自己是与他人不同的。我们在书中前几章也讨论过孩子会通过和妈妈顶嘴的方式来证明自己的独特见解，因此，和兄弟姐妹争论也是孩子用来表达自己独立性的一种方式。

两个孩子频发冲突的原因

孩子的自我意识

相互比较

年龄差异

相互比较。孩子之间会相互比较是来自于人类喜欢进行社会比较的天性。即使有时候孩子之间相互比较的根源是自我衡量和自我提高，比较的结果也或许会朝着不尽如人意的方向发展。有时他们相互比较的根源也可能是我们家长，如果家长总是把两个孩子作对比，批评某个孩子没有做的像另一个孩子那么优秀，甚至给孩子们标上标签。比如，哥哥聪明，功课好；弟弟调皮，功课差。这样的分类更容易让孩子们分化开来，也让他们更倾向于相互争斗。

年龄的差异。家长和孩子的年龄差异让我们和他们之间存在着代沟，而孩子们之间的年龄差异也会让他们之间存在着一定的沟通障碍。特别是当两个孩子还都处于儿童或者幼儿、甚至婴儿的时期，两个人的意识水平都没发展完全，要理解对方的想法和行为对他们来说更是难上加难。他们很难理解自己兄弟姐妹的想法，也不了解他们的意识水平能够达到怎样的状态。因此，硬件信息的不对等也可能会造成他们之间的冲突。

结语

结语

●孩子之间的频繁冲突有着各种各样的原因，让我们家长猝不及防，想要避免冲突也是很难实现的事。因此，了解冲突争端的起源，从父母自身开始寻找原因加以改正，再着手给予孩子们相应的帮助，甚至有时候不帮助，或许也能够达到更佳的效果。

06 有了弟弟妹妹之后会让大宝更早进入叛逆期？

家中有了弟弟妹妹，爸爸妈妈甚至外公外婆爷爷奶奶都变得更加忙碌，需要做很多的工作来适应。但事实上最需要适应的却是那一个懵懂无知的小孩，也就是家中的大宝。对于本来就还在学习和适应怎样更好地去生活的大宝，突然多了一个弟弟或妹妹，使得他们不得不学习新的规则来生活。我们都说孩子其实就是一张白纸，家长画上什么颜色，纸上就会呈现出什么样的色彩。因此，孩子有了弟弟妹妹后是会突然变得很叛逆，还会突然变得很乖巧，也取决于我们家长怎样把握。

！大宝对于弟弟妹妹的复杂情感

从人类的天性来看，其实我们都是偏爱和自己相似的人，无论是从外貌上还是从性格上来看，越相似越有可能走得近。从进化论来看，和同类在一起可以提高我们生存的可能性，我们的生存安全和资源也会得到同类的保护。小孩子也一样保持着这种天性，他们在婴儿时期就能辨别出自己的同类，更喜欢接近和自己年龄相仿的小孩子，与他们一起玩耍。

可是，当资源有限的时候，人类又会和同类相互竞争，为自己争夺更多的资源。从而出现竞争关系和嫉妒等情绪。小孩子对自己的弟弟妹妹也是存在着这种又爱又"恨"的复杂情绪。**一方面他们很高兴家中有了和自己年龄相仿的小朋友，两人可以一起玩耍。另一方面，他们也会害怕爸爸妈妈会因为弟弟妹妹而忽视了自己。**

因此，大宝们是会更爱弟弟妹妹，还是会变得叛逆，是由爸爸妈妈的态度和教育方式决定的。

情感关爱与孩子的安全感

注意和大宝说话的方式。

不要给大宝过多的限制。

！爸爸妈妈的态度

语言的艺术。在成人的世界里，语言是一种艺术，和孩子交流，语言更是有着非常重要的意义。特别对于学龄前儿童，他们对成人世界的语言不甚了解，成年人的话外之音，或者逗笑打趣都是孩子无法理解的语言方式。比如，当亲戚朋友说，"你的爸爸妈妈有了弟弟妹妹就不要你了哦。"诸如此类，在孩子的解读中，他们只能得到话语字面上所表达的意思。因此，不要拐弯抹角地和孩子说话，才是和孩子沟通的最好方式。当家中多了弟弟妹妹后，我们更要注意自己和大宝说话的方式，让他们不会觉得爸爸妈妈因为有了弟弟妹妹就不再爱自己。这样，孩子也不用再通过叛逆的方式来赢取爸爸妈妈的关注，或者来宣泄自己的不满情绪。同样，也不要因为小宝宝的出生，就给大宝的生活过多的限制，让家成为一个处处是禁区的地方。如果大宝走到哪里都是"不"的声音，也会将孩子推向叛逆的道路。

弟弟妹妹出生后，年纪还较小的大宝会出现一些行为的倒退，比如在地上爬，想要再吃奶瓶。年纪较大的大宝也可能会出现更孤立，更加叛逆的行为。这些行为都是他们在极力争取爸爸妈妈的关注。**因此，在照顾小宝宝的忙碌的日程中，不要忘记每天和大宝的相处时间，耐心倾听大宝情绪上的变化，都可以帮助大宝更好地适应一个家庭新成员的加入。**让他们知道爸爸妈妈十分关心他们，他们并不需要用一些极端地方式来向爸爸妈妈证明自己。

结语

结语

● 如果我们不希望大宝变得叛逆和难以管教，我们家长就一定不能因为有了小宝就忽视了大宝的感受，认为那么大的孩子怎么还这样那样。比起一个新生儿，大宝确实已经是那么大的孩子。但是，他们也依然是一个需要家长关注和关心的小朋友。

07 和弟弟妹妹一起成长会让大宝更有责任感?

自从家中多了一个小成员，原来的那个小宝宝就仿佛一夜长大了，变得十分乖巧。他们会和弟弟妹妹玩耍，有时还会帮忙喂奶、换尿布。对于他们来说，这个身体比自己更小，不会说话，却会哇哇乱叫的小娃娃是一个新奇的大玩具。同时，也让他们觉得自己不再是家中最小的宝宝，自己也可以承担起家中的事务，可以帮助爸爸妈妈减少家中的负担。

❗ 大宝给自己赋予责任感

大宝是家中的第一个孩子，他们有更多的时间和家长单独相处，也同时和家长有着更亲密的关系。相比二宝，大宝的价值观和人生观会更多地受到父母的影响。无论家中之后会有多少个孩子，大宝总是有着自己独特的地位。不仅因为他们独享了爸爸妈妈的很多爱，也让两个大人因为他们的出生第一次为人父母。那种每天都在摸索，学习和磨练的体验对爸爸妈妈和孩子都是一种独特的经历。有不少研究调查发现，第一个出生的孩子更有自信和担当，历史上不少有成就的人士都是家中的长子。也有心理学研究发现，家中的第一个孩子更容易成为完美主义者

（Perfectionists）。因为他们在学习时，参考的对象是爸爸妈妈，直接从成年人身上学习，必然会学到更接近成人的行为方式。这样的大宝也会更加努力做好一个哥哥或姐姐，尽他们所能帮助家里的大人一起照顾好弟弟或妹妹。

大宝喜欢模仿家长的行为，因为模仿家长的行为让他们充满自信。**模仿家长的行为，让孩子觉得自己向着独立的个体更近了一步，对家庭事务的参与也同样让孩子更有自信。**有时，我们甚至能看到孩子会学着家长的口气教育弟弟或妹妹，从中他们也体会了一把做一个有控制感的大人的感觉。教育和指挥小宝，让大宝感受到了自己的权力和地位都在提升，大大提升了他们的自尊和自信。因此，各种良好的感觉促使大宝更愿意照顾自己的弟弟妹妹。

赋予大宝责任感

哺 乳

换尿布

新鲜感

责任感

满足感

和小宝玩

家长赋予大宝 责任感

　　无论是家长想让孩子参与到照顾小宝的事务中，还是家长真的需要大宝的帮助。当小宝出生以后，家长总是会时不时地需要孩子的帮忙。我们也会发现，大宝总是十分乐意地帮助一起照顾小宝。因为，喂奶，换尿布，和小宝玩耍，这些任务不仅让大宝有新鲜感，也同时让他们觉得十分有满足感。家长给大宝分配的任务，有时虽小，却能让大宝觉得自己可以负责完成一样任务，从而变得更有责任感。

　　虽然他们有时候会很乐意地帮忙喂奶或者换尿布，但是家长并不能因为大宝可以照顾小宝，就把过多照顾的重任交到孩子手中。毕竟照顾小宝宝并不是孩子的责任和义务。特别是当大宝并没有把小宝照顾好的时候，因而受到爸爸妈妈的责备，这样会让大宝感觉到很大的压力。

结语

结语

　　●心理学认为，孩子的出生顺序并不天然地改变孩子的属性，不同出生顺序的孩子出现的一些固定式的特征，更多地来自家长不同的对待方式。小宝的到来，是否会让大宝变成一个更有责任感的人，这都取决于我们家长平时是怎样做的。

08 从假想敌变成小跟班

两个小娃经历了羡慕嫉妒恨、相爱相杀的磨合阶段，总算到了和平共处期。哥哥姐姐开始带着小宝四处玩耍，小弟弟、小妹妹也开始正式成为了大宝的小跟班。他们不仅跟随着哥哥姐姐的脚步到处去玩耍，也会模仿哥哥姐姐说话的方式和动作。除了爸爸妈妈，哥哥姐姐就是小宝最爱的人，日久天长，哥哥姐姐的地位甚至会超越爸爸妈妈，成为小宝最亲近且相处时间最长的伙伴。

❗ 亲兄弟姐妹们之间的关系十分重要

亲兄弟姐妹们之间有着无人能够替代的亲密关系，这点无可厚非。他们年龄相近，一起成长，一起生活，甚至在同一所学校学习，分享着生活的方方面面。相比爸爸妈妈，小宝和大宝相处的时间更多，他们之间的关系甚至有些父母都无法超越。许多研究也发现，手足之情十分重要，在他们的亲密相处中，互相支持着对方的情绪、心理和社交活动，手足之间的关系甚至对他们将来的生活幸福感都有着十分重要的意义。哈佛大学的心理学研究发现，20岁之前的手足关系可以预测他们成年后的抑郁情绪状况，关系差的兄弟姐妹，患抑郁症的比例更高。而和兄弟姐妹之间保持良好关系的时间越长，心理也会越健康。另外，在社交生活中，亲兄弟姐妹之间的相互关心、相互帮助也有着很大的作用。研究发现，当手足之间的性别不同时，他们在成年后会更容易获得健康的恋爱关系。

兄弟姐妹间一起成长，也相互分享着价值观和人生观。**他们互相支持着对方建立更好的个体认同、自我意识，他们还共享着同样的家庭文化和传统，这一切都是孩子们成为一个更好的个体的基础。**心理学研究还发现，手足分开抚养对他们都有着非常不利的影响，特别是女孩，如果和兄弟姐妹分开生活，将会迫使她们长期饱受精神困扰和社会化问题。

兄弟姐妹间关系的重要性

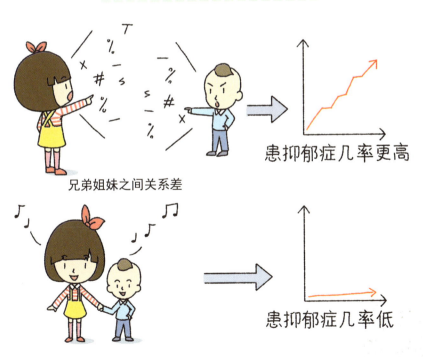

患抑郁症几率更高

兄弟姐妹之间关系差

患抑郁症几率低

兄弟姐妹之间关系好

小宝喜欢跟随大宝行动

在小宝的眼里，他们的哥哥姐姐就是他们的偶像。因为哥哥姐姐不仅身体上要比自己更强壮、跑得更快、长得更高，而且心智上也更成熟，知道更多的知识，还可以帮助爸爸妈妈解决问题。并且，心理学研究也确实发现，家中第一个孩子的智商通常略高于之后出生的孩子。种种因素，让小宝成为了大宝的小跟班，他们喜欢跟随在自己的哥哥姐姐身边，不仅因为对哥哥姐姐的喜爱和依恋，也是因为他们希望从哥哥姐姐身上获得到各种各样的知识和能力。

小宝在家有时会觉得自己特别的渺小，也或者会觉得自己没有获得足够的关注。因为相比于大宝，他们年龄更小，在大家的眼里也就是一个无知可爱的小娃娃，家中的一些决定都不是他们可以参与的。爸爸妈妈有可能会和大宝商量家中的一些事务，哥哥姐姐在家中也总是能受到更多的关注，小宝却是那个容易因为年龄小而被忽略的小家伙。因此，成为大宝的小跟班，会让小宝也有一种参与感。哥哥姐姐和弟弟妹妹之间总是有商有量，自己的意见得到了回应，增加了小宝的自尊心。

一起讨论你感兴趣的话题吧！

在看完这一章后，我们会发现，事实上养两个孩子和养一个孩子还是有很大区别的。我们除了时刻要做到公平公正，还要让自己在两个孩子的圈圈绕绕中保持镇定。

养育"二孩"不易，如果有其他关于养育"二孩"的好点子，也可以扫描左边的二维码，进入讨论群，和其他的爸爸妈妈、育儿专家们一起讨论育儿方法。